JN097234

駿台受験シリーズ

短期攻略

大学入学 共通テスト

数学I・A
改訂版

実戦編

問題編

駿台文庫
SUNDAIBUNKO

目　次

解答上の注意

- 問題の文中の ア ， イウ などには，符号（−）又は数字（0 〜 9）が入ります。
  ア，イ，ウ，…の一つ一つは，これらのいずれか一つに対応します。

- 分数形で解答する場合，分数の符号は分子につけ，分母につけてはいけません。

  例えば， $\dfrac{エオ}{カ}$ に $-\dfrac{4}{5}$ と答えたいときは， $\dfrac{-4}{5}$ として答えます。

  また，それ以上約分できない形で答えます。

  例えば， $\dfrac{3}{4}$ と答えるところを， $\dfrac{6}{8}$ のように答えてはいけません。

- 小数の形で解答する場合，指定された桁数の一つ下の桁を四捨五入して答えます。また，必要に応じて，指定された桁まで 0 を入れて答えます。

  例えば， キ ． クケ に 2.5 と答えたいときは， 2.50 として答えます。

- 根号を含む形で解答する場合，根号の中に現れる自然数が最小となる形で答えます。

  例えば， コ $\sqrt{サ}$ に $4\sqrt{2}$ と答えるところを， $2\sqrt{8}$ のように答えてはいけません。

- 根号を含む分数形で解答する場合，例えば $\dfrac{シ+ス\sqrt{セ}}{ソ}$ に

  $\dfrac{3+2\sqrt{2}}{2}$ と答えるところを， $\dfrac{6+4\sqrt{2}}{4}$ や $\dfrac{6+2\sqrt{8}}{4}$ のように答えてはいけません。

- 問題の文中の二重四角で表記された タ などには，選択肢から一つを選んで答えます。

- 同一の問題文中に チツ ， テ などが 2 度以上現れる場合，原則として，2 度目以降は， チツ ， テ のように細字で表記します。

| §1 | 数と式 |

★*1* 【10分】

$$A = 3x^2 - xy + 2y^2, \quad B = 6x^2 + xy - 3y^2$$

とする。

(1) 積 AB を展開したとき，x^3y の係数は $\boxed{アイ}$ であり，x^2y^2 の係数は $\boxed{ウ}$ である。

また，$A^2 - B^2$ を展開したとき，x^2y^2 の係数は $\boxed{エオ}$ である。

(2) $2B - 3A$ を整理すると

$$\boxed{カ}\,x^2 + \boxed{キ}\,xy - \boxed{クケ}\,y^2$$

であり，さらに因数分解すると

$$\left(x + \boxed{コ}\,y\right)\left(\boxed{サ}\,x - \boxed{シ}\,y\right)$$

となる。

また，$B^2 - A^2$ を因数分解すると

$$\left(\boxed{ス}\right)\left(\boxed{セ}\right)\left(\boxed{ソ}\right)\left(\boxed{タ}\right)$$

となる。

$\boxed{ス} \sim \boxed{タ}$ の解答群（解答の順序は問わない。）

| ⓪ $x + y$ | ① $x - y$ | ② $x + 5y$ | ③ $x - 5y$ |
| ④ $3x + y$ | ⑤ $3x - y$ | ⑥ $3x + 5y$ | ⑦ $3x - 5y$ |

★2 【10 分】

a, b を実数として，x に関する二つの整式
$$A=(x+2)(x-a), \quad B=3x+b$$
を考える。積 AB を展開したときの x^2 の係数は -2，定数項は -6 である。

このとき
$$3a-b=\boxed{\text{ア}}, \quad ab=\boxed{\text{イ}}$$

であり，x の係数は $\boxed{\text{ウエオ}}$ である。また，a，b の値は

$$a=\boxed{\text{カ}}, \quad b=\boxed{\text{キ}} \quad \text{または} \quad a=\frac{\boxed{\text{クケ}}}{\boxed{\text{コ}}}, \quad b=\boxed{\text{サシ}}$$

である。

$a=\boxed{\text{カ}}$ のとき，2 次方程式 $A=-5$ の正の解を c とすると

$$c=\frac{\boxed{\text{ス}}+\sqrt{\boxed{\text{セ}}}}{\boxed{\text{ソ}}}$$

であり

$$c-\frac{1}{c}=\boxed{\text{タ}}, \quad c^2+\frac{1}{c^2}=\boxed{\text{チ}}$$

である。

数と式

★3 【10分】

$a=\dfrac{2}{2+\sqrt{3}}$, $b=\dfrac{2}{2-\sqrt{3}}$ とする。

(1)
$$a=\boxed{\text{ア}}-\boxed{\text{イ}}\sqrt{\boxed{\text{ウ}}}$$

$$b=\boxed{\text{エ}}+\boxed{\text{オ}}\sqrt{\boxed{\text{カ}}}$$

であり

$$a+b=\boxed{\text{キ}}, \qquad ab=\boxed{\text{ク}}$$

$$\dfrac{b}{a}+\dfrac{a}{b}=\boxed{\text{ケコ}}$$

である。

(2) $2(b-a)$ の整数部分を m とすると

$$m=\boxed{\text{サシ}}$$

である。

また，$\dfrac{2b}{3a}$ の小数部分を d とすると

$$d=\dfrac{\boxed{\text{スセソ}}+\boxed{\text{タ}}\sqrt{\boxed{\text{チ}}}}{\boxed{\text{ツ}}}$$

である。

★★4 【10分】

2次方程式 $10x^2-23x+12=0$ の解を a, $b(a>b)$ とおくと

$$a=\frac{\boxed{ア}}{\boxed{イ}}, \qquad b=\frac{\boxed{ウ}}{\boxed{エ}}$$

である。

方程式 $|(\sqrt{13}-1)x-1|=3$ の解を c, $d(c>d)$ とおくと

$$c=\frac{\boxed{オ}+\sqrt{13}}{\boxed{カ}}, \qquad d=-\frac{\boxed{キ}+\sqrt{13}}{\boxed{ク}}$$

である。

(1) a, b, c, $|d|$ の大小関係として，次の ⓪〜⑧ のうち，正しいものは $\boxed{ケ}$ である。

$\boxed{ケ}$ の解答群

⓪ $b<a<c<\lvert d\rvert$	① $b<a<\lvert d\rvert<c$	② $b<c<a<\lvert d\rvert$
③ $b<\lvert d\rvert<a<c$	④ $b<c<\lvert d\rvert<a$	⑤ $b<\lvert d\rvert<c<a$
⑥ $\lvert d\rvert<b<a<c$	⑦ $\lvert d\rvert<b<c<a$	⑧ $\lvert d\rvert<c<b<a$

(2) a, $\dfrac{1}{a}$, b, $\dfrac{1}{b}$, c, $\dfrac{1}{c}$ をそれぞれ小数で表したときに有限小数となるものは $\boxed{コ}$，$\boxed{サ}$，$\boxed{シ}$ であり，循環小数となるものは $\boxed{ス}$ である。

$\boxed{コ}$〜$\boxed{ス}$ の解答群（$\boxed{コ}$〜$\boxed{シ}$ の解答の順序は問わない。）

⓪ a	① $\dfrac{1}{a}$	② b	③ $\dfrac{1}{b}$	④ c	⑤ $\dfrac{1}{c}$

★★**5**　【10分】

a を実数として，x についての2次方程式

$$2x^2-(7a-8)x+3a^2+a-10=0 \qquad\qquad \cdots\cdots①$$

を考える。方程式①の解は

$$\boxed{\text{ア}}\,a-\boxed{\text{イ}}, \qquad \frac{\boxed{\text{ウ}}}{\boxed{\text{エ}}}\,a+\boxed{\text{オ}}$$

であり，①の2解の積が2になるような a の値は

$$a=\boxed{\text{カ}}, \qquad \frac{\boxed{\text{キク}}}{\boxed{\text{ケ}}}$$

である。

また，①の2解の和が1より大きくなるような a の値の範囲は

$$a>\frac{\boxed{\text{コサ}}}{\boxed{\text{シ}}}$$

であり，2解の差が1より大きくなるような a の値の範囲は

$$a<\boxed{\text{ス}}, \qquad \frac{\boxed{\text{セソ}}}{\boxed{\text{タ}}}<a$$

である。したがって，①の2解の和も差もともに1より大きくなるような整数 a の最小値は $\boxed{\text{チ}}$ である。

★★6　【10 分】

a を実数として，x についての方程式①と不等式②を考える。

$$|2x-1|-|x+1|=1 \quad\quad\quad \cdots\cdots①$$
$$|x+a+1|\leqq 4 \quad\quad\quad\quad\quad \cdots\cdots②$$

(1) $x>\dfrac{1}{2}$ を満たす①の解は $\boxed{\ \text{ア}\ }$ であり，$-1\leqq x\leqq\dfrac{1}{2}$ を満たす①の解は

$\dfrac{\boxed{\ \text{イウ}\ }}{\boxed{\ \text{エ}\ }}$ である。

(2) $a=3$ のとき，②の解は $\boxed{\ \text{オカ}\ }\leqq x\leqq\boxed{\ \text{キ}\ }$ である。

(3) ①のすべての解が②を満たすような整数 a の値は $\boxed{\ \text{ク}\ }$ 個あり，そのうち最小

のものは $\boxed{\ \text{ケコ}\ }$ である。

★★★*7*   【12分】

a を実数として
$$P = x^2 + (a-4)x - 2a^2 + a + 3$$
とする。右辺を因数分解すると
$$P = \left(x - a - \boxed{\text{ア}}\,\right)\left(x + \boxed{\text{イ}}\,a - \boxed{\text{ウ}}\,\right)$$
となるから，$P = 0$ を満たす x の値を x_1, x_2 とすると
$$x_1 = a + \boxed{\text{ア}}, \qquad x_2 = -\boxed{\text{イ}}\,a + \boxed{\text{ウ}}$$
と表せる。

$y = |x_1| + |x_2|$ とする。

・$a \leqq -\boxed{\text{エ}}$ のとき
$$y = \boxed{\text{オカ}}\,a + \boxed{\text{キ}}$$

・$-\boxed{\text{エ}} \leqq a \leqq \dfrac{\boxed{\text{ク}}}{\boxed{\text{ケ}}}$ のとき
$$y = \boxed{\text{コ}}\,a + \boxed{\text{サ}}$$

・$\dfrac{\boxed{\text{ク}}}{\boxed{\text{ケ}}} \leqq a$ のとき
$$y = \boxed{\text{シ}}\,a - \boxed{\text{ス}}$$

である。

（次ページに続く。）

(1) y は $a=\dfrac{\boxed{セ}}{\boxed{ソ}}$ のとき最小となり，最小値は $\dfrac{\boxed{タ}}{\boxed{チ}}$ である。

(2) $y<10$ を満たす a の値の範囲は

$$\dfrac{\boxed{ツテ}}{\boxed{ト}}<a<\boxed{ナ}$$

であり，$y<10$ となるような整数 a の個数は $\boxed{ニ}$ 個である。

(3) $y<k$ を満たす整数 a の個数が 3 個になるような実数 k の値の範囲は

$$\boxed{ヌ}\ \boxed{ネ}\ k\ \boxed{ノ}\ \boxed{ハ}$$

である。

$\boxed{ネ}$，$\boxed{ノ}$ の解答群（同じものを繰り返し選んでもよい。）

⓪ $<$		① $\leqq$

★★★*8* 【12分】

太郎さんと花子さんのクラスでは，数学の授業で先生から次の**問題**が宿題として出された。

問題 a を実数とする。連立方程式

$$\begin{cases} x^2+xy+y^2=7a-7 \\ x^2-xy+y^2=a+11 \end{cases} \qquad \cdots\cdots(*)$$

の解を求めよ。

---

(1) この**問題**について，太郎さんと花子さんは次のような話をしている。

太郎：連立方程式といえば，一文字消去が基本だけど，この式ではどうやって消去したらいいかわからないし，他の方法を考えないといけないね。

花子：そういうときは式の特徴を生かせばいいよ。

太郎：二つの式はどちらも x^2+y^2 と xy の式だから，x^2+y^2 と xy の値が a で表せるね。

花子：そうすれば，$(x+y)^2$ と $(x-y)^2$ の値が求まるから，$x+y$ と $x-y$ の値を求めることができるね。

太郎：なんとか解けそうだね。

---

x^2+y^2 と xy の値を a で表すと

$$x^2+y^2=\boxed{\text{ア}}\,a+\boxed{\text{イ}}, \qquad xy=\boxed{\text{ウ}}\,a-\boxed{\text{エ}}$$

となるから

$$(x+y)^2=\boxed{\text{オカ}}\,a-\boxed{\text{キク}}, \qquad (x-y)^2=\boxed{\text{ケコ}}\,a+\boxed{\text{サシ}}$$

である。

（次ページに続く。）

(2) 連立方程式(∗)が $x=y$ を満たす解をもつのは，$a=\boxed{\text{スセ}}$ のときであり，このとき解は

$$x=y=\pm\sqrt{\boxed{\text{ソタ}}}$$

である。

また，$a=4$ のとき，$0<x<y$ を満たす解は

$$x=\sqrt{\boxed{\text{チ}}}-\sqrt{\boxed{\text{ツ}}},\qquad y=\sqrt{\boxed{\text{チ}}}+\sqrt{\boxed{\text{ツ}}}$$

である。

(3) 太郎さんと花子さんは，さらに次のような話をしている。

太郎：連立方程式(∗)はいつでも実数解をもつわけじゃないみたいだね。
花子：そうだね。
太郎：どんなときに実数解をもつか，調べてみよう。

連立方程式(∗)が実数解をもつような a の値の範囲は

$$\frac{\boxed{\text{テ}}}{\boxed{\text{ト}}}\leqq a\leqq\boxed{\text{ナニ}}$$

である。さらに，$0<x\leqq y$ を満たす解をもつような a の値の範囲は

$$\boxed{\text{ヌ}}<a\leqq\boxed{\text{ネノ}}$$

である。

数と式

§2	集合と命題

*9 【15分】

1 から 99 までの自然数の集合を全体集合 U とし，その部分集合 A，B，C を次のように定める。

$$A = \{\, x \mid x \text{ は 4 の倍数}\,\}$$
$$B = \{\, x \mid x \text{ は 6 の倍数}\,\}$$
$$C = \{\, x \mid x \text{ は 24 の倍数}\,\}$$

(1)　次のことが成り立つ。

(i)　$A \cap B$ ｜ ア ｜ 12　　　(ii)　A ｜ イ ｜ C

(iii)　$A \cap B$ ｜ ウ ｜ C　　　(iv)　A ｜ エ ｜ $C = C$

ア ～ エ の解答群(同じものを繰り返し選んでもよい。)

⓪ $\in$	① $\ni$	② $\subsetneqq$	③ $\supsetneqq$	④ $\subset$
⑤ $\supset$	⑥ $\cap$	⑦ $\cup$	⑧ $=$	

(2)　集合 A，B，C の間の関係を表す図は ｜ オ ｜ である。

オ については，最も適当なものを，次の⓪～⑤のうちから一つ選べ。

⓪　　　　　　　　　　　①　　　　　　　　　　　②

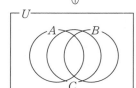

③　　　　　　　　　　　④　　　　　　　　　　　⑤

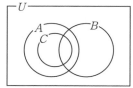
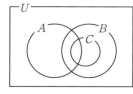

（次ページに続く。）

(3) 全体集合 U の部分集合 S の補集合を $\overline{S}$ で表す。

$A \cup B$ の要素のうち，最小の自然数は $\boxed{\text{カ}}$ である。

$\overline{A} \cap B$ の要素のうち，最大の自然数は $\boxed{\text{キク}}$ である。

$\overline{A} \cup (B \cap C)$ の要素のうち，最大の自然数は $\boxed{\text{ケコ}}$ である。

$A \cap B \cap \overline{C}$ の要素のうち，最大の自然数は $\boxed{\text{サシ}}$ である。

(4) 集合 A，B，C について次のことが成り立つ。

$x \in C$ は，$x \in A \cap B$ であるための $\boxed{\text{ス}}$。

$x \in A \cap C$ は，$x \in B \cap C$ であるための $\boxed{\text{セ}}$。

$x \in B \cup C$ は，$x \in C$ であるための $\boxed{\text{ソ}}$。

$\boxed{\text{ス}} \sim \boxed{\text{ソ}}$ の解答群(同じものを繰り返し選んでもよい。)

⓪ 必要条件であるが，十分条件ではない
① 十分条件であるが，必要条件ではない
② 必要十分条件である
③ 必要条件でも十分条件でもない

集合と命題

★*10* 【10分】

自然数全体の集合を全体集合 U とし，その部分集合 A, B を

$$A=\{\,n\,|\,n \text{ は 9 で割り切れる自然数}\,\}$$
$$B=\{\,n\,|\,n \text{ は 15 で割り切れる自然数}\,\}$$

とする。

(1) 集合 A, B について次のことが成り立つ。

自然数 n が A に属することは，n が 18 で割り切れるための ア 。

自然数 n が B に属することは，n が 5 で割り切れるための イ 。

自然数 n が $A\cup B$ に属することは，n が 3 で割り切れるための ウ 。

ア ～ ウ の解答群(同じものを繰り返し選んでもよい。)

```
⓪  必要条件であるが，十分条件ではない
①  十分条件であるが，必要条件ではない
②  必要十分条件である
③  必要条件でも十分条件でない
```

(2) 全体集合 U の部分集合 C, D, E, F を

$$C=\{\,n\,|\,n \text{ は 9 と 15 のいずれでも割り切れる自然数}\,\}$$
$$D=\{\,n\,|\,n \text{ は 9 でも 15 でも割り切れない自然数}\,\}$$
$$E=\{\,n\,|\,n \text{ は 45 で割り切れない自然数}\,\}$$
$$F=\{\,n\,|\,n \text{ は 9 で割り切れるが，5 で割り切れない自然数}\,\}$$

とする。また，集合 A, B の補集合を，それぞれ $\overline{A}$, $\overline{B}$ で表す。

このとき

$$C=\boxed{\text{エ}}, \quad D=\boxed{\text{オ}}, \quad E=\boxed{\text{カ}}, \quad F=\boxed{\text{キ}}$$

である。

エ ～ キ の解答群

```
⓪  A∪B          ①  A∪B̄          ②  Ā∪B          ③  Ā∪B̄
④  A∩B          ⑤  A∩B̄          ⑥  Ā∩B          ⑦  Ā∩B̄
```

★★*11* 【10分】

実数全体の集合を全体集合 U とし，その部分集合 A, B, C を

$$A=\{\,x\mid x^2-x-2\geqq 0\,\}$$
$$B=\{\,x\mid |\,2x-p\,|\geqq q\,\}$$
$$C=\{\,x\mid x^2+4x+r\geqq 0\,\}$$

とする。ただし，p, q, r は実数の定数とする。また，A の補集合を $\overline{A}$ で表す。

(1) $\overline{A}=\left\{\,x\mid \boxed{アイ}<x<\boxed{ウ}\,\right\}$

である。

(2) $B=U$ となるための必要十分条件は $q\leqq\boxed{エ}$ である。

(3) $A=B$ となるのは

$$p=\boxed{オ},\qquad q=\boxed{カ}$$

のときである。

さらに，$p=\boxed{オ}$ のとき，$A\supset B$ かつ $A\neq B$ となるのは $q\ \boxed{キ}\ \boxed{カ}$ のときである。

　$\boxed{キ}$ の解答群

⓪ $<$	① $=$	② $>$

(4) $\overline{A}\cap C=\varnothing$ となるのは

$$r\leqq\boxed{クケコ}$$

のときであり，$A\cup C=U$ となるのは

$$r\geqq\boxed{サ}$$

のときである。

★★12 【10分】

(1) 太郎さんと花子さんは，有理数と無理数について話している。

太郎：有理数って，整数とか，分数のような数のことだったかな？　小数はどうだろう？

花子：小数でも 0.5 は $\frac{1}{2}$ と表せるし，$0.33\cdots\cdots$ は $\frac{1}{3}$ と表せるから，有理数だね。でも，$\sqrt{2}$ は $1.41\cdots\cdots$ と小数で表すことができるけど，無理数だよ。

太郎：小数ということだけでは，有理数か無理数かわからないね。そうか！有理数はルート（$\sqrt{}$）で表されないような数ってことだね。

花子：ルートがついても $\sqrt{4}$ は 2 だから，整数で，有理数だよ。ルートでなくても π も無理数だったはずだよ。

太郎：ということは，有理数は，整数または $\frac{(整数)}{(整数)}$ で表される数ってことだね。

花子：整数も，例えば 2 は $\frac{2}{1}$ のように $\frac{(整数)}{(整数)}$ で表されるから，有理数は $\frac{(整数)}{(整数)}$ で表される数でいいと思うよ。ただし分母を 0 にすることはできないから，正確には $\frac{(整数)}{(0以外の整数)}$ だね。

実数全体の集合を全体集合とし，有理数全体の集合を Q，整数全体の集合を Z，Z の補集合を $\overline{Z}$ とする。

$Q \cap \overline{Z}$ の要素となるものは，後の ⓪〜⑨ のうち，$\boxed{\text{ア}}$，$\boxed{\text{イ}}$，$\boxed{\text{ウ}}$，$\boxed{\text{エ}}$ である。

また，$\sqrt{\dfrac{48}{k}}$ が $Q \cap \overline{Z}$ の要素となるような自然数 k のうちで，最小のものは $\boxed{\text{オカ}}$ である。

$\boxed{\text{ア}}$ 〜 $\boxed{\text{エ}}$ の解答群（解答の順序は問わない。）

⓪ 3	① $-\dfrac{2}{5}$	② $\sqrt{5}$	③ $\sqrt{169}$	④ $\dfrac{\sqrt{3}}{2}$
⑤ 0.25	⑥ $0.111\cdots\cdots$	⑦ $-\dfrac{\sqrt{12}}{\sqrt{3}}$	⑧ $\dfrac{\sqrt{3}}{\sqrt{12}}$	⑨ $2+\sqrt{3}$

(2) r, s を有理数，α, β を無理数とする。次の 7 個の数のうち，つねに無理数であるものの個数は $\boxed{\text{キ}}$ 個である。

$$r+s, \quad rs, \quad \alpha+\beta, \quad \alpha\beta, \quad r+\alpha, \quad r\alpha, \quad \alpha^2$$

（次ページに続く。）

(3) 太郎さんは，$\sqrt{2}$ が無理数であることを，次のように証明した。

> **証明**
>
> $\sqrt{2}$ が無理数でないと仮定すると，$\sqrt{2}$ は有理数である。
> このとき
> $$\sqrt{2}=\frac{p}{q} \quad (p, q \text{ は}_{(a)}\underline{\text{互いに素}}\text{な自然数})$$
> とおけるので，分母を払って両辺を 2 乗すると
> $$2q^2=p^2 \qquad\qquad \cdots\cdots①$$
> ①の左辺は偶数であるから，p^2 も偶数となるので
> $_{(b)}\underline{p^2 \text{ が偶数ならば } p \text{ は偶数である。}}$
> ゆえに，$p=2m$（m は自然数）とおけて，①に代入すると
> $$2q^2=4m^2 \quad \therefore \quad q^2=2m^2 \qquad\qquad \cdots\cdots②$$
> ②の右辺は偶数であるから，q^2 も偶数となるので q は偶数である。
> よって，p, q ともに偶数となるから，p, q が互いに素であることに矛盾する。
> したがって，$\sqrt{2}$ は無理数である。

集合と命題

(i) 下線部(a)と同じ意味であるものは，次の⓪～⑤のうち，　**ク**　と　**ケ**　である。

> **ク**，　**ケ**　の解答群（解答の順序は問わない。）
>
> | | | |
> |---|---|---|
> | ⓪ ともに奇数 | ① ともに素数 | ② 公約数をもたない |
> | ③ 正の公約数が 1 個 | ④ 正の公約数が 2 個 | ⑤ 最大公約数が 1 |

(ii) 下線部(b)は，自然数 p に関する命題である。これが真である理由として対偶
を考えればよい。下線部(b)の対偶は，次の⓪～②のうち，「　**コ**　」である。

> **コ**　の解答群
>
> ⓪ p が偶数であれば，p^2 は偶数である
> ① p が奇数であれば，p^2 は奇数である
> ② p^2 が奇数であれば，p は奇数である

★★*13* 【10分】

(1) a, b を有理数，z を無理数とする。

命題「$a+bz=0$ ならば $a=b=0$」が真であることを次のように証明した。

─ 証明 ─

　　 ア と仮定する。このとき，$z=-\dfrac{a}{b}$ となり，a, b は有理数であるから，

$-\dfrac{a}{b}$ は有理数であるが，z は無理数であり，矛盾する。よって， イ であり，

このとき， ウ である。

ア ～ ウ の解答群（同じものを繰り返し選んでもよい。）

⓪ $a=0$	① $a\neq0$	② $b=0$	③ $b\neq0$	④ $z=0$	⑤ $z\neq0$

有理数 p, q が $(2\sqrt{2}-3)p+(4-\sqrt{2})q=2+\sqrt{2}$ を満たすとき

$$p=\dfrac{\text{エ}}{\text{オ}}, \qquad q=\dfrac{\text{カ}}{\text{キ}}$$

である。

(2) x, y を実数とする。

命題：「xy が無理数である」 $\Longrightarrow$ 「 ク 」

は真である。

この命題の逆は偽であるが，その反例として適当なものは，後の⓪～⑤のう

ち， ケ と コ である。

ク の解答群

```
⓪ x, y はともに無理数である
① x, y はともに有理数である
② x, y の少なくとも一方は無理数である
③ x, y の少なくとも一方は有理数である
```

ケ ， コ の解答群（解答の順序は問わない。）

```
⓪ x=2, y=3        ① x=2, y=√2        ② x=√2, y=√3
③ x=√2, y=√8      ④ x=√2+1, y=√2     ⑤ x=√2+1, y=√2-1
```

$\star\star$ *14* 【10 分】

実数 a, b に関する条件 p, q, r を次のように定める。

$$p : |a| \leqq 3 \ \text{かつ} \ |b| \leqq 4$$
$$q : |a| + |b| \leqq 7$$
$$r : a^2 + b^2 \leqq 25$$

(1) 条件 p の否定 $\bar{p}$ は $\boxed{\text{ア}}$ である。

$\boxed{\text{ア}}$ の解答群

⓪ $|a| \leqq 3$ かつ $|b| \leqq 4$	① $|a| \leqq 3$ または $|b| \leqq 4$
② $|a| > 3$ かつ $|b| > 4$	③ $|a| > 3$ または $|b| > 4$

(2) 命題「$q \Longrightarrow r$」の対偶は「$\boxed{\text{イ}} \Longrightarrow \boxed{\text{ウ}}$」である。

$\boxed{\text{イ}}$, $\boxed{\text{ウ}}$ の解答群

⓪ $|a| + |b| \leqq 7$	① $a^2 + b^2 \leqq 25$	② $|a| + |b| < 7$	③ $a^2 + b^2 < 25$
④ $|a| + |b| \geqq 7$	⑤ $a^2 + b^2 \geqq 25$	⑥ $|a| + |b| > 7$	⑦ $a^2 + b^2 > 25$

(3) 命題「$q \Longrightarrow r$」が偽であることを示すための反例になっているものは，次の ⓪～③ のうち，$\boxed{\text{エ}}$ である。

$\boxed{\text{エ}}$ の解答群

⓪ $a=3$, $b=3$	① $a=3$, $b=4$	② $a=4$, $b=4$	③ $a=2$, $b=5$

(4) 次のことが成り立つ。

・p は q であるための $\boxed{\text{オ}}$。

・q は r であるための $\boxed{\text{カ}}$。

・r は p であるための $\boxed{\text{キ}}$。

$\boxed{\text{オ}}$ ～ $\boxed{\text{キ}}$ の解答群(同じものを繰り返し選んでもよい。)

⓪ 必要条件であるが，十分条件ではない
① 十分条件であるが，必要条件ではない
② 必要十分条件である
③ 必要条件でも十分条件でもない

★★★*15* 【12分】

実数 a, b について，次の**条件**⓪～⑤を考える。

条件

⓪ $a>0$

① $a+b>0$

② $a+b>0$ かつ $ab>0$

③ $a>0$ かつ $b>a^2$

④ $|a|+|b|>0$

⑤ $b>0$ または $a>b$

---

(1) $a>0$ かつ $b>0$ は，**条件**②が成り立つための ア 。

$a>0$ かつ $b>0$ は，**条件**③が成り立つための イ 。

$ab>0$ は，**条件**④が成り立つための ウ 。

$ab>0$ は，**条件**⑤が成り立つための エ 。

ア ～ エ の解答群(同じものを繰り返し選んでもよい。)

⓪ 必要条件であるが，十分条件ではない

① 十分条件であるが，必要条件ではない

② 必要十分条件である

③ 必要条件でも十分条件でもない

---

(2) 次の オ ， カ に当てはまるものを，上の**条件**⓪～⑤のうちから一つずつ
選べ。

条件⓪～⑤のうちで， オ は他のすべての十分条件であり， カ は他のす
べての必要条件である。

***16** 【10 分】

(1) 次の集合は正の奇数全体の集合を表す。

$$\{ \boxed{\text{ア}} \mid n=0,\ 1,\ 2,\ \cdots \}$$

$\boxed{\text{ア}}$ の解答群

⓪ $2n-3$	① $2n-1$	② $2n+1$	③ $2n+3$

(2) $m,\ n$ を自然数とする。

m^2+n^2 が偶数であることは,$m,\ n$ がともに奇数であるための $\boxed{\text{イ}}$ 。

m が n により $m=n^2+n+1$ と表されることは,m が奇数であるための $\boxed{\text{ウ}}$ 。

n^2 が 8 の倍数であることは,n が 4 の倍数であるための $\boxed{\text{エ}}$ 。

$\boxed{\text{イ}}$ ～ $\boxed{\text{エ}}$ の解答群(同じものを繰り返し選んでもよい。)

⓪ 必要条件であるが,十分条件ではない
① 十分条件であるが,必要条件ではない
② 必要十分条件である
③ 必要条件でも十分条件でもない

(3) $m,\ n$ を自然数として $A=mx^2+nx+2m+n+1$ とおく。

x がどのような奇数であっても A の値がつねに偶数になるための必要十分条件は $\boxed{\text{オ}}$ となることである。また,x がどのような偶数であっても A の値がつねに奇数になるための必要十分条件は $\boxed{\text{カ}}$ となることである。

$\boxed{\text{オ}}$, $\boxed{\text{カ}}$ の解答群

⓪ m が奇数	① n が奇数	② $m-n$ が奇数
③ m が偶数	④ n が偶数	⑤ $m-n$ が偶数

★*17* 【12分】

a, b, c を実数, $a>0$ とする。

座標平面上の2点$(1,\ -3)$, $(5,\ 13)$を通る放物線

$$y=ax^2+bx+c$$

をCとする。

(1) b, c をaで表すと

$$b=\boxed{アイ}\,a+\boxed{ウ}, \quad c=\boxed{エ}\,a-\boxed{オ}$$

となる。

(2) 放物線Cの頂点の座標は, aを用いて

$$\left(\boxed{カ}-\frac{\boxed{キ}}{a},\ \boxed{クケ}\,a+\boxed{コ}-\frac{\boxed{サ}}{a}\right)$$

と表される。

(3) 放物線Cとx軸の交点をP, Qとするとき, 線分PQの長さは

$$PQ=4\sqrt{\frac{1}{a^2}-\frac{\boxed{シ}}{\boxed{ス}}a+\boxed{セ}}$$

と表される。$t=\dfrac{1}{a}$とおくと, 線分PQの長さを最小にするtの値は$\dfrac{\boxed{ソ}}{\boxed{タ}}$, 長

さの最小値は$\dfrac{\sqrt{\boxed{チツ}}}{\boxed{テ}}$である。

$\star$**18** 【12分】

a を実数とする。2次関数 $y=x^2+(4a+6)x+3a+4$ のグラフを C，その頂点を P とする。P の座標は

$$\left(\boxed{\text{アイ}}\,a-\boxed{\text{ウ}},\ \boxed{\text{エオ}}\,a^2-\boxed{\text{カ}}\,a-\boxed{\text{キ}}\right)$$

である。

2次関数

(1) C が x 軸と異なる2点 A，B で交わるのは

$$a<\frac{\boxed{\text{クケ}}}{\boxed{\text{コ}}},\qquad \boxed{\text{サシ}}<a$$

のときである。

　　このとき，AB$>2\sqrt{14}$ となるような a の値の範囲は

$$a<\boxed{\text{スセ}},\qquad \frac{\boxed{\text{ソ}}}{\boxed{\text{タ}}}<a$$

であり，△ABP が正三角形となる a の値は

$$a=\boxed{\text{チツ}},\qquad \frac{\boxed{\text{テト}}}{\boxed{\text{ナ}}}$$

である。

(2) C を x 軸に関して対称移動し，さらに x 軸方向に2，y 軸方向に-19 だけ平行移動した放物線を C' とする。C' が原点を通るのは $a=\boxed{\text{ニ}}$ のときであり，このとき C' の方程式は

$$y=\boxed{\text{ヌ}}\,x^2-\boxed{\text{ネノ}}\,x$$

である。

★★19 【12分】

a を実数として，2次関数

$$y = -x^2 + ax + \frac{a^2}{2} - a - 1 \qquad \cdots\cdots①$$

のグラフを C とする。

(1)　C の頂点の座標は

$$\left(\frac{\boxed{ア}}{\boxed{イ}}a, \quad \frac{\boxed{ウ}}{\boxed{エ}}a^2 - a - 1 \right)$$

である。

(2)　a にどのような値を代入しても表すことができない C のグラフは $\boxed{オ}$ と $\boxed{カ}$ である。

$\boxed{オ}$，$\boxed{カ}$ については，最も適当なものを，次の⓪～⑤のうちから一つずつ選べ。ただし解答の順序は問わない。

⓪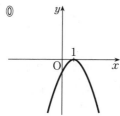

①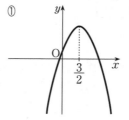

②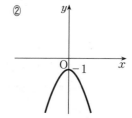

③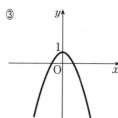

④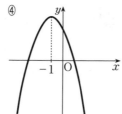

⑤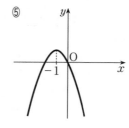

（次ページに続く。）

(3) C が x 軸と共有点をもつための a の値の範囲は

$$a \leqq \frac{\boxed{キク}}{\boxed{ケ}}, \qquad \boxed{コ} \leqq a$$

であり，$a = \boxed{コ}$ のとき，共有点の座標は $\left(\boxed{サ}, \ 0 \right)$ である。

また，C が x 軸の $x>0$ の部分と共有点をもつための a の値の範囲は

$$a < \boxed{シ} - \sqrt{\boxed{ス}}, \qquad \boxed{セ} \leqq a$$

である。

(4) $a<0$ とする。2 次関数①の $0 \leqq x \leqq 1$ における最大値と最小値の差は

$$\boxed{ソ} \, a + \boxed{タ}$$

である。

★★20 【12分】

a を実数とし，2次関数
$$y=x^2-(2a-2)x-2a+9 \qquad\qquad\qquad \cdots\cdots\text{①}$$
のグラフを G とする。G は頂点の座標が
$$\left(a-\boxed{\ \text{ア}\ },\ \boxed{\ \text{イ}\ }a^2+\boxed{\ \text{ウ}\ }\right)$$
の放物線である。

(1)　G が点 $(7,\ 8)$ を通るのは $a=\boxed{\ \text{エ}\ }$ のときである。

(2)　a の値によらず，G はつねに点 $\mathrm{P}\left(\boxed{\ \text{オカ}\ },\ \boxed{\ \text{キ}\ }\right)$ を通る。また，y 座標が $\boxed{\ \text{キ}\ }$ である G 上の点は P と $\left(\boxed{\ \text{ク}\ }a-\boxed{\ \text{ケ}\ },\ \boxed{\ \text{キ}\ }\right)$ である。

(3)　$a>0$ とする。①においてすべての実数 x に対して $y>0$ となるのは
$$0<a<\boxed{\ \text{コ}\ }\sqrt{\boxed{\ \text{サ}\ }}$$
のときであり，すべての整数 x に対して $y>0$ となるのは
$$0<a<\frac{\boxed{\ \text{シス}\ }}{\boxed{\ \text{セ}\ }}$$
のときである。

★★*21* 【12分】

a を実数とし，2 次関数
$$y = x^2 - (2a+12)x + 10a + 44$$
のグラフを G とする。

(1) G は放物線であり，頂点の座標は
$$\left(a + \boxed{\text{ア}}, \ \boxed{\text{イ}}a^2 - \boxed{\text{ウ}}a + \boxed{\text{エ}}\right)$$
である。

(2) $0 \leqq x \leqq 6$ における y の最小値を m とすると

$$a \leqq \boxed{\text{オカ}} \qquad \text{のとき} \quad m = \boxed{\text{キク}}a + \boxed{\text{ケコ}}$$

$$\boxed{\text{オカ}} \leqq a \leqq \boxed{\text{サ}} \quad \text{のとき} \quad m = \boxed{\text{シ}}a^2 - \boxed{\text{ス}}a + \boxed{\text{セ}}$$

$$\boxed{\text{サ}} \leqq a \qquad \text{のとき} \quad m = \boxed{\text{ソタ}}a + \boxed{\text{チ}}$$

である。よって，m を a の関数と考えたとき，$a = \boxed{\text{ツテ}}$ のとき m は最大値 $\boxed{\text{ト}}$ をとる。

また，$0 \leqq x \leqq 6$ においてつねに $y > 0$ となるのは
$$\boxed{\text{ナニ}} < a < \boxed{\text{ヌ}}$$
のときである。

★★*22* 【15分】

数学の授業で，2次関数 $y=ax^2+bx+c$ $(a \neq 0)$ についてコンピューターのグラフ表示ソフトを用いて考察している。

このソフトでは，図1の画面上の $\boxed{\text{A}}$，$\boxed{\text{B}}$，$\boxed{\text{C}}$ にそれぞれ係数 a，b，c の値を入力すると，その値に応じたグラフが表示される。さらに，$\boxed{\text{A}}$，$\boxed{\text{B}}$，$\boxed{\text{C}}$ それぞれの下にある●を左に動かすと係数の値が減少し，右に動かすと係数の値が増加するようになっており，値の変化に応じて2次関数のグラフが座標平面上を動くしくみになっている。

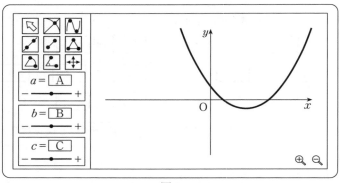

図1

(1) 図1のように，頂点が第4象限にあるグラフが表示された。a の値が $\dfrac{1}{2}$ のとき，b，c の値の組合せとして最も適当なものは，後の ⓪～⑦ のうち，$\boxed{\text{ ア }}$ である。

このとき，さらに c の値を変化させて，頂点が x 軸上にあるようにするには，c の値を $\boxed{\text{ イ }}$ だけ増加させればよい。

$\boxed{\text{ ア }}$ の解答群

	⓪	①	②	③	④	⑤	⑥	⑦
b	2	2	-2	-2	2	2	-2	-2
c	$\dfrac{5}{2}$	$-\dfrac{5}{2}$	$\dfrac{5}{2}$	$-\dfrac{5}{2}$	1	-1	1	-1

$\boxed{\text{ イ }}$ の解答群

⓪ $\dfrac{1}{2}$　　　　　① 1　　　　　② $\dfrac{3}{2}$　　　　　③ 2

（次ページに続く。）

(2) 図1のグラフを表示させる a, b, c の値に対して，2次方程式 $ax^2+bx+c=0$ の解についての記述として，次の⓪～③のうち，正しいものは $\boxed{\text{ウ}}$ である。

$\boxed{\text{ウ}}$ の解答群

⓪ 2次方程式 $ax^2+bx+c=0$ は実数解をもつかどうか判断できない。
① 2次方程式 $ax^2+bx+c=0$ は異なる二つの正の解をもつ。
② 2次方程式 $ax^2+bx+c=0$ は異なる二つの負の解をもつ。
③ 2次方程式 $ax^2+bx+c=0$ は正の解と負の解をもつ。

(3) 次の操作A，操作B，操作Cのうち，いずれか一つの操作を行い，2次不等式 $ax^2+bx+c>0$ の解について考える。

操作A：図1の状態から b, c の値は変えず，a の値だけを変化させる。
操作B：図1の状態から a, c の値は変えず，b の値だけを変化させる。
操作C：図1の状態から a, b の値は変えず，c の値だけを変化させる。

このとき，操作A，操作B，操作Cのうち，「不等式 $ax^2+bx+c>0$ の解がすべての実数となること」が起こり得る操作は $\boxed{\text{エ}}$ 。

また，「不等式 $ax^2+bx+c>0$ の解がないこと」が起こり得る操作は $\boxed{\text{オ}}$ 。

$\boxed{\text{エ}}$, $\boxed{\text{オ}}$ の解答群(同じものを繰り返し選んでもよい。)

⓪ ない
① 操作Aだけである
② 操作Bだけである
③ 操作Cだけである
④ 操作Aと操作Bだけである
⑤ 操作Aと操作Cだけである
⑥ 操作Bと操作Cだけである
⑦ 操作Aと操作Bと操作Cすべてである

★★*23* 【15分】

〔1〕 ある店では1日に1000円の品物が20個売れる。xを整数として，この商品について$10x$円値下げすると$3x$個多く売れることが統計的にわかっているとする。$10x$円値下げした場合の1日の売り上げ，すなわち(売値)×(売れた個数)をy円とすると，yとxの関係式は ア である。

以下，売値と売れた個数は整数とする。

売り上げが最大となるのは売値を イ 円にしたときで，このときの売り上げは ウ 円である。

また，この商品は仕入れるのに1個につき400円の費用が必要である。1日の利益，すなわち(売り上げ)−(仕入れにかかった費用)が最大となるのは売値を エ 円にしたときで，このときの利益は オ 円である。

ア の解答群

⓪ $y=30x^2$ ① $y=-30x^2+20000$

② $y=-30x^2+2000x+20000$ ③ $y=-30x^2+2400x+20000$

④ $y=-30x^2+2600x+20000$ ⑤ $y=-30x^2+2800x+20000$

⑥ $y=-30x^2+3000x+20000$ ⑦ $y=-30x^2+3200x+20000$

イ ， エ の解答群

⓪ 470   ① 530   ② 540   ③ 730   ④ 740
⑤ 830   ⑥ 840   ⑦ 900   ⑧ 950   ⑨ 970

ウ ， オ の解答群

⓪ 25000   ① 28330   ② 33330   ③ 39000   ④ 53330
⑤ 68000   ⑥ 76330   ⑦ 85330   ⑧ 95000   ⑨ 105330

(次ページに続く。)

〔2〕 走っている自動車の停止距離というのは，運転者が止まろうと判断した場所か
らブレーキをかけ，自動車が完全に止まるまでの距離であり，運転者が止まろうと
判断して実際にブレーキをかけるまでに走った距離(空走距離)とブレーキが効き始
めてから完全に止まるまでに走った距離(制動距離)の合計で計算する。路面やタイ
ヤなど様々な状態で変化するが，この空走距離は自動車の速度に比例し，制動距離
は自動車の速度の2乗に比例することがわかっている。停止距離を y m，自動車の
速度を毎時 x km としたときに，次の表は x と y のある実験結果である。

x(km/時)	y(m)
20	8.5
40	22

a, b を定数として，$y = ax^2 + bx$ とおいたとき，上の実験結果の場合

$$a = \frac{1}{\boxed{カキク}}, \quad b = \frac{\boxed{ケ}}{\boxed{コサ}}$$

となる。このとき，時速 80 km で走っていたときの停止距離は $\boxed{シス}$ m となる。

また，停止距離を 10 m 以下にするためには，自動車の速度を時速 $\boxed{セ}$ km 以

下にしなければならない。

$\boxed{セ}$ については，最も適当なものを，次の⓪〜⑤のうちから一つ選べ。

⓪ 18   ① 20   ② 22   ③ 24   ④ 26   ⑤ 28

★★★**24** 【15分】

a, b を実数とし, x の2次関数

$$y = \frac{1}{2}x^2 - 2ax + b$$

$$y = x^2 + x - 2$$

のグラフをそれぞれ C, D とする。以下では, C の頂点は D 上にあるとする。
このとき

$$b = \boxed{\text{ア}}\,a^2 + \boxed{\text{イ}}\,a - \boxed{\text{ウ}}$$

である。

(1) C が x 軸と異なる2点で交わるような a の値の範囲は

$$\boxed{\text{エオ}} < a < \frac{\boxed{\text{カ}}}{\boxed{\text{キ}}}$$

である。また, C が x 軸の正の部分と異なる2点で交わるような a の値の範囲は

$$\frac{\sqrt{\boxed{\text{クケ}} - \boxed{\text{コ}}}}{\boxed{\text{サ}}} < a < \frac{\boxed{\text{シ}}}{\boxed{\text{ス}}}$$

である。

(2) C が直線 y = x + 2 と接するとき

$$a = \pm\frac{\boxed{\text{セ}}\sqrt{\boxed{\text{ソ}}}}{\boxed{\text{タ}}}$$

である。また, C が直線 y = x + 2 の第1象限と第3象限の部分で, それぞれ交わるような a の値の範囲は

$$\boxed{\text{チツ}} < a < \boxed{\text{テ}}$$

である。

（下 書 き 用 紙）

§4   図形と計量

★25 【10分】

四角形 ABCD は円 O に内接し，∠ABC は鈍角で，AB＝1，BC＝$\sqrt{7}$，$\sin\angle\text{ABC}＝\sqrt{\dfrac{3}{7}}$ とする。また，線分 AC と線分 BD は直角に交わるとする。

このとき

$$\cos\angle\text{ABC}＝\frac{\boxed{\text{アイ}}\sqrt{\boxed{\quad\text{ウ}\quad}}}{\boxed{\text{エ}}}$$

$$\text{AC}＝\boxed{\text{オ}}\sqrt{\boxed{\text{カ}}}$$

である。

円 O の半径は $\sqrt{\boxed{\quad\text{キ}\quad}}$ であり，∠BAC＝$\boxed{\text{クケ}}°$ である。

線分 AC と線分 BD との交点を H とおくと

$$\text{CH}＝\frac{\boxed{\text{コ}}\sqrt{\boxed{\quad\text{サ}\quad}}}{\boxed{\text{シ}}}$$

$$\text{DH}＝\frac{\boxed{\quad\text{ス}\quad}}{\boxed{\quad\text{セ}\quad}}$$

である。

また，∠CAD と∠ACD の大小関係について

$$\angle\text{CAD}\ \boxed{\text{ソ}}\ \angle\text{ACD}$$

が成り立つ。

$\boxed{\text{ソ}}$ の解答群

⓪ ＜	① ＝	② ＞

★*26* 【10分】

四角形 ABCD において，AB$=1+\sqrt{2}$，BC$=2$，CD$=\sqrt{6}$，$\angle$ABC$=45°$，

$\cos\angle$ADC$=\dfrac{\sqrt{6}}{3}$ とする。

このとき，AC$=\sqrt{\boxed{\text{ア}}}$ であり

$$\cos\angle\text{ACB}=\frac{\boxed{\text{イ}}\sqrt{\boxed{\text{ウ}}}-\sqrt{\boxed{\text{エ}}}}{\boxed{\text{オ}}}$$

である。

また　$\sin\angle\text{CAD}=\dfrac{\sqrt{\boxed{\text{カ}}}}{\boxed{\text{キ}}}$

であり，△ACD の外接円の半径は $\dfrac{\boxed{\text{ク}}}{\boxed{\text{ケ}}}$ である。

さらに　AD$=\boxed{\text{コ}}$　または　AD$=\boxed{\text{サ}}$

であり，AD$=\boxed{\text{サ}}$ のとき，四角形 ABCD の面積は $\boxed{\text{シ}}\sqrt{\boxed{\text{ス}}}+\boxed{\text{セ}}$ である。ただし，$\boxed{\text{コ}}<\boxed{\text{サ}}$ とする。

AD$=\boxed{\text{サ}}$ のとき，線分 AC と線分 BD のなす鋭角を θ とする。このとき，線分 BD の長さを θ を用いて表すと

$$\text{BD}=\frac{\boxed{\text{ソ}}\left(\boxed{\text{タ}}\sqrt{\boxed{\text{チ}}}+\sqrt{\boxed{\text{ツ}}}\right)}{\boxed{\text{テ}}\boxed{\text{ト}}}$$

となる。

$\boxed{\text{ト}}$ の解答群

⓪ $\sin\theta$	① $\cos\theta$	② $\tan\theta$

図形と計量

★★*27* 【12分】

太郎さんと花子さんは，正三角形とその外接円について，次のような**性質**があることを知り，具体的な数値を用いて計算してみることにした。

性質　正三角形 ABC の外接円の点 A を含まない弧 BC 上（両端を除く）の点 P に対して

$$AP = BP + CP$$

が成り立つ。

---

(1)　太郎さんは，1辺の長さ 6 の正三角形 ABC とその外接円 K_1 を考えることにした。

　　K_1 の半径は $\boxed{\text{ア}}\sqrt{\boxed{\text{イ}}}$ であり，K_1 の点 A を含まない弧 BC 上に点 P をとる。$AP = 3\sqrt{5}$ のとき，線分 BP と線分 CP の長さは

である。

　　よって，BP + CP = AP が成り立つ。

（次ページに続く。）

(2) 花子さんは，1辺の長さ $2\sqrt{7}$ の正三角形 ABC とその外接円 K_2 を考えることにした。

K_2 の点 C を含まない弧 AB 上に，点 D を弦 BD の長さが 2 になるようにとる。

このとき，$\angle\text{ADB}=\boxed{\text{キクケ}}^\circ$ であり

$$\text{AD}=\boxed{\text{コ}}$$

であるから，四角形 ADBC の面積は $\boxed{\text{サ}}\sqrt{\boxed{\text{シ}}}$ である。

一方，△ACD と△BCD の面積比は

$$\triangle\text{ACD} : \triangle\text{BCD} = \boxed{\text{ス}} : 1$$

であり，△ACD の面積は $\boxed{\text{セ}}\sqrt{\boxed{\text{ソ}}}$ であるから

$$\text{CD}=\boxed{\text{タ}}$$

である。

よって，AD＋BD＝CD が成り立つ。

★★28 【12分】

△ABC において AB＝3，BC＝4，CA＝$\sqrt{5}$ とする。
このとき

$$\cos\angle\mathrm{ACB}=\frac{\boxed{ア}\sqrt{\boxed{イ}}}{\boxed{ウエ}}, \qquad \sin\angle\mathrm{ACB}=\frac{\sqrt{\boxed{オカ}}}{\boxed{キク}}$$

であり，△ABC の外接円 O の半径は $\dfrac{\boxed{ケ}\sqrt{\boxed{コサ}}}{\boxed{シス}}$ である。

外接円 O の点 B を含まない弧 AC 上（両端を除く）に点 P をとる。点 P が弧 AC 上を動くとき，四角形 ABCP の面積が最大になる場合を考えよう。

(1) 四角形 ABCP の面積が最大になるときの点 P についての記述として，次の⓪〜④のうち，**正しくないもの**は $\boxed{セ}$ と $\boxed{ソ}$ である。

$\boxed{セ}$ ， $\boxed{ソ}$ の解答群（解答の順序は問わない。）

> ⓪ 線分 BP は辺 AC と垂直である。
> ① 線分 AP と CP の長さは等しい。
> ② 線分 BP は円 O の直径である。
> ③ 線分 BP は∠ABC の二等分線である。
> ④ 点 P における円 O の接線は辺 AC と平行である。

(2) 点 P が弧 AC 上にあるとき

$$\cos\angle\mathrm{APC}=\frac{\boxed{タチ}}{\boxed{ツ}}$$

である。四角形 ABCP の面積が最大になるとき

$$\mathrm{AP}=\sqrt{\frac{\boxed{テトナ}}{\boxed{ニヌ}}}$$

であり，四角形 ABCP の面積の最大値は $\dfrac{\boxed{ネノ}\sqrt{\boxed{ハヒ}}}{\boxed{フヘ}}$ である。

★★*29* 【12分】

図のように交わる2円 O, O′ がある。この図において，2点 A，B は2円の交点，点 C は直線 OO′ と円 O′ の交点，点 D は直線 AC と円 O の交点，点 H は直線 OO′ と直線 AB の交点である。さらに，AB＝4，$\cos\angle\text{BAC}＝\dfrac{\sqrt{3}}{3}$，△ABCの面積は△ABD の面積の3倍である。

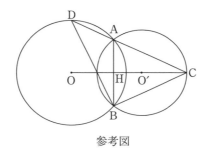

参考図

このとき

$$\text{AC}＝\boxed{\text{ア}}\sqrt{\boxed{\text{イ}}}, \qquad \text{AD}＝\frac{\boxed{\text{ウ}}\sqrt{\boxed{\text{エ}}}}{\boxed{\text{オ}}}$$

であり

$$\sin\angle\text{BAC}＝\frac{\sqrt{\boxed{\text{カ}}}}{\boxed{\text{キ}}}$$

であるから，円 O′ の半径 O′A の長さは $\dfrac{\boxed{\text{ク}}\sqrt{\boxed{\text{ケ}}}}{\boxed{\text{コ}}}$ である。

また

$$\text{BD}＝\frac{\boxed{\text{サ}}\sqrt{\boxed{\text{シス}}}}{\boxed{\text{セ}}}$$

であり，2円の中心間の距離 OO′ は $\boxed{\text{ソ}}\sqrt{\boxed{\text{タ}}}$ である。

30 【12分】

〔1〕 直線上の海岸線にいる太郎さんと花子さんは、遠くの島とヨットを眺めている。図1において、太郎さんと花子さんの位置を、それぞれA, Bとし、島の位置をP, ヨットの位置をQとすると

$$AB=a, \quad \angle PAB=75°, \quad \angle PBA=45°$$

である。

本問において、必要ならば

$$\sin 15° = \frac{\sqrt{6}-\sqrt{2}}{4}, \qquad \sin 75° = \frac{\sqrt{6}+\sqrt{2}}{4}$$

を用いてもよい。

このとき

$$PA= \boxed{\ \ ア\ \ }\,a, \qquad PB= \boxed{\ \ イ\ \ }\,a$$

であり、島Pから海岸線ABまでの距離は $\boxed{\ \ ウ\ \ }\,a$ である。

ヨットQが岸に近づいてきたので、角度を測ってみると

$$\angle QAB=30°, \quad \angle QBA=90°$$

であった。このとき、島PとヨットQの距離PQについて

$$PQ= \boxed{\ \ エ\ \ }\,a$$

である。

$\boxed{\ ア\ }$ ～ $\boxed{\ エ\ }$ の解答群(同じものを繰り返し選んでもよい。)

⓪ $\dfrac{1}{4}$	① $\dfrac{1}{2}$	② $\dfrac{2}{3}$	③ $\dfrac{3}{4}$	④ $\dfrac{\sqrt{6}}{3}$
⑤ $\dfrac{2\sqrt{3}}{3}$	⑥ $\dfrac{3+\sqrt{3}}{4}$	⑦ $\dfrac{3+\sqrt{3}}{6}$	⑧ $\dfrac{3\sqrt{2}+\sqrt{6}}{3}$	⑨ $\dfrac{3\sqrt{2}+\sqrt{6}}{6}$

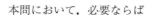

図1

(次ページに続く。)

〔2〕 以下の問題を解答するにあたっては，必要に応じて 91 ページの三角比の表を
用いてもよい。

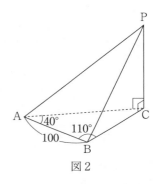

図2

　A 地点の太郎さんと B 地点の花子さんは，C 地
点のビルの高さを求めようとしている。
　図2において

$$AB = 100 \text{ m}$$
$$\angle CAB = 40°, \quad \angle CBA = 110°$$

である。ビルの屋上を点 P として，太郎さんが点
P の仰角を測ったところ 58° であった。ただし，目
の高さは無視するものとする。
　このとき

$$AC = \boxed{\text{オ}} \text{ m}, \quad BC = \boxed{\text{カ}} \text{ m}$$

であり

$$PC = \boxed{\text{キ}} \text{ m}$$

である。また

$$\angle PBC = \boxed{\text{ク}}°$$

であり

$$PB = \boxed{\text{ケ}} \text{ m}$$

である。

図形と計量

$\boxed{\text{オ}}$ ～ $\boxed{\text{ケ}}$ については，最も適当なものを，次の ⓪ ～ ⑨ のうちから一つずつ
選べ。ただし，同じものを繰り返し選んでもよい。

⓪ 62	① 67	② 72	③ 130	④ 140
⑤ 190	⑥ 300	⑦ 310	⑧ 330	⑨ 350

★★*31* 【12分】

△ABC において

$$AB=4\sqrt{5}, \qquad AC=5, \qquad AB<BC$$

とし，△ABC の外接円の中心を O，直径を $5\sqrt{5}$ とする。また，∠ABC=B，
∠ACB=C とする。

$$\sin B=\frac{\sqrt{\boxed{\text{ア}}}}{\boxed{\text{イ}}}, \qquad \sin C=\frac{\boxed{\text{ウ}}}{\boxed{\text{エ}}}$$

であり，BC=$\boxed{\text{オカ}}$ であるから，△ABC は $\boxed{\text{キ}}$ である。

△ABC の外接円と直線 AO との交点で，A とは異なる点を D とし，直線 AO と
直線 BC との交点を E とすると

$$BD=\boxed{\text{ク}}\sqrt{\boxed{\text{ケ}}}, \qquad CD=\boxed{\text{コサ}}$$

であり

$$\frac{BE}{CE}=\frac{\boxed{\text{シ}}}{\boxed{\text{ス}}}$$

である。

また，△ABC の内接円の半径は $\boxed{\text{セ}}-\sqrt{\boxed{\text{ソ}}}$ であり，内接円の中心を I，内
接円と辺 AB，AC，BC との接点を，それぞれ P，Q，R とすると $\boxed{\text{タ}}$ が成り立つ。

よって

$$AP=\boxed{\text{チ}}\sqrt{\boxed{\text{ツ}}}-\boxed{\text{テ}}$$

であり

$$\frac{BR}{CR}=\frac{\boxed{\text{ト}}+\sqrt{\boxed{\text{ナ}}}}{\boxed{\text{ニ}}}$$

である。

$\boxed{\text{キ}}$ の解答群

⓪ 鋭角三角形	① 直角三角形	② 鈍角三角形

$\boxed{\text{タ}}$ の解答群

⓪ AP=AI	① AP=IP	② AP=AQ

★★★32 【12分】

以下の問題を解答するにあたっては，必要に応じて 91 ページの三角比の表を用いてもよい。

△ABC において，AB＝AC＝3，BC＝$\sqrt{6}$ とする。

このとき

$$\cos\angle\mathrm{BAC}=\frac{\boxed{ア}}{\boxed{イ}}, \qquad \sin\angle\mathrm{BAC}=\frac{\sqrt{\boxed{ウ}}}{\boxed{エ}}$$

である。△ABC の外接円の半径を R とすると，$R=\dfrac{\boxed{オ}\sqrt{\boxed{カキ}}}{\boxed{クケ}}$ である。

△ABC を底面とし，点 D を頂点とする三角錐 DABC を考える。△ABC の外接円の中心を O とすると，直線 DO は底面に垂直であり，AD＝$\dfrac{\sqrt{14}}{2}$ とする。

このとき

$$\mathrm{OD}=\frac{\boxed{コ}\sqrt{\boxed{サ}}}{\boxed{シ}}$$

であり，三角錐 DABC の体積は $\boxed{ス}$ である。

また，点 X が△ABC の辺 AB，BC，CA 上を動くとき，tan∠OXD の最小値は

$\dfrac{\boxed{セ}\sqrt{\boxed{ソ}}}{\boxed{タ}}$ であり，最大値は $\dfrac{\boxed{チ}}{\boxed{ツ}}$ である。tan∠OXD が最大になるとき，

∠OXD は $\boxed{テ}$ 。

$\boxed{テ}$ の解答群

⓪ 50°より大きく 51°より小さい　　① 51°より大きく 52°より小さい
② 52°より大きく 53°より小さい　　③ 53°より大きく 54°より小さい
④ 54°より大きく 55°より小さい

★★★**33**　【12分】

(1)　△ABC において，AB＝2，AC＝$\sqrt{19}$，∠ABC＝120° とする。
　　このとき

$$BC＝\boxed{ア}$$

　　であり

$$△ABC\ の面積は\quad \frac{\boxed{イ}\sqrt{\boxed{ウ}}}{\boxed{エ}}$$

　　である。
　　　∠ABC の二等分線と辺 AC の交点を D とすると

$$BD＝\frac{\boxed{オ}}{\boxed{カ}}$$

　　であり

$$AD＝\frac{\boxed{キ}\sqrt{\boxed{クケ}}}{\boxed{コ}}$$

　　である。
　　　点 A から線分 BD に引いた垂線と線分 BD との交点を E とし，直線 AE と辺 BC の交点を F とする。このとき

$$AE＝\sqrt{\boxed{サ}}$$

　　であり

$$CE＝\sqrt{\boxed{シ}}$$

　　である。

（次ページに続く。）

(2) 太郎さんと花子さんは，紙を折ってできる立体図形について考えている。

太郎：(1)の △ABC の紙を二つに折って立体を作ってみよう。

花子：おもしろいね。

太郎：△ABC を △ABD と △BCD に分け，線分 BD を折り目として折ると，四面体 ABCD ができるよね。

花子：つまり，△ABD と △BCD を二つの面とする四面体 ABCD を作るんだね。

(i) 二人が考えている四面体で，△BCD を底面と考えて，∠AEF＝θ とおくと，

高さは $\boxed{\text{ス}}$ になるから，この四面体の体積の最大値は $\dfrac{\boxed{\text{セ}}}{\boxed{\text{ソタ}}}$ である。

$\boxed{\text{ス}}$ の解答群

⓪ $\sin\theta$	① $\sqrt{3}\sin\theta$	② $2\sin\theta$
③ $\cos\theta$	④ $\sqrt{3}\cos\theta$	⑤ $2\cos\theta$
⑥ $\tan\theta$	⑦ $\sqrt{3}\tan\theta$	⑧ $2\tan\theta$

図形と計量

(ii) 体積が最大になるときの四面体 ABCD を K とする。

四面体 K において

$$\text{AC}＝\sqrt{\boxed{\text{チツ}}}$$

であり，平面 ABC 上において

$$\triangle\text{ABC の面積は} \quad \dfrac{\boxed{\text{テ}}\sqrt{\boxed{\text{トナ}}}}{\boxed{\text{ニ}}}$$

であるから，点 D から平面 ABC に下ろした垂線の長さは $\dfrac{\boxed{\text{ヌ}}\sqrt{\boxed{\text{ネノ}}}}{\boxed{\text{ハヒ}}}$ である。

§5	データの分析

★*34* 【10分】

表1は，通学時間について，30人の学生に聞いた結果を累積度数分布表にまとめたものである。

表1　通学時間の累積度数分布表

階級(分) (以上)　(未満)	階級値 (分)	累積度数 (人)
0　～　10	5	3
10　～　20	15	7
20　～　30	25	12
30　～　40	35	18
40　～　50	45	25
50　～　60	55	28
60　～　70	65	30

(1)　表1をもとに30人の通学時間のヒストグラムを作成した。なお，ヒストグラムの各階級の区間は，左側の数値を含み右側の数値を含まない。表1の累積度数分布表に対応するものは ア である。

ア については，最も適当なものを，次の⓪～③のうちから一つ選べ。

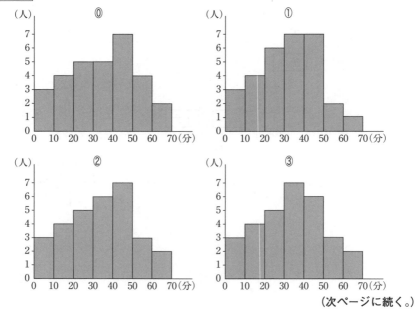

（次ページに続く。）

(2) 通学時間が「10分未満」の相対度数は 0.$\boxed{\text{イウ}}$ であり，「30分以上40分未満」の相対度数は 0.$\boxed{\text{エオ}}$ である。

(3) この30人のデータの第1四分位数が含まれる階級は $\boxed{\text{カ}}$ であり，第3四分位数が含まれる階級は $\boxed{\text{キ}}$ である。

$\boxed{\text{カ}}$，$\boxed{\text{キ}}$ の解答群

⓪ 0分以上10分未満	① 10分以上20分未満	② 20分以上30分未満
③ 30分以上40分未満	④ 40分以上50分未満	⑤ 50分以上60分未満
⑥ 60分以上70分未満		

(4) このデータを箱ひげ図にまとめたとき，表1と矛盾するものは $\boxed{\text{ク}}$，$\boxed{\text{ケ}}$，$\boxed{\text{コ}}$ である。

$\boxed{\text{ク}}$～$\boxed{\text{コ}}$ については，最も適当なものを，次の⓪～⑤のうちから一つずつ選べ。ただし，解答の順序は問わない。

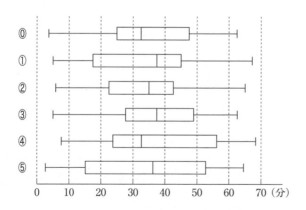

(5) 階級値を用いて，データの平均値(a)，中央値(b)，最頻値(c)を求めると，a，b，c の大小関係について $\boxed{\text{サ}}$ が成り立つ。

$\boxed{\text{サ}}$ の解答群

⓪ $a<b<c$	① $b<c<a$	② $c<a<b$
③ $a<c<b$	④ $b<a<c$	⑤ $c<b<a$

★**35** 【10分】

図1は，A組からD組までの四つのクラスに行った数学のテストの結果を箱ひげ図で表したものである。どのクラスも人数は39人であり，テストは100点満点で，点数は整数である。

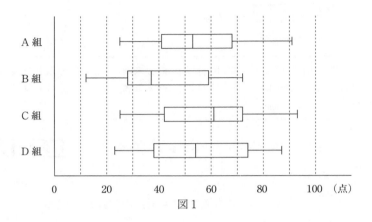

図1

(1) 図1の箱ひげ図についての記述として，次の⓪〜⑤のうち，正しいものは

　ア と **イ** である。

　ア ， **イ** の解答群(解答の順序は問わない。)

⓪ 4クラス全体の最高点の生徒がいるのはA組である。
① 4クラス全体の最低点の生徒がいるのはC組である。
② 4クラスで比べたとき，範囲が最も大きいのはB組である。
③ 4クラスで比べたとき，四分位範囲が最も大きいのはD組である。
④ 4クラスで比べたとき，第1四分位数と中央値の差が最も小さいのはA組である。
⑤ 4クラスで比べたとき，第3四分位数と中央値の差が最も小さいのはC組である。

(次ページに続く。)

(2) 90点以上の生徒がいるクラスは　ウ　と　エ　であり，20点未満の生徒がいるクラスは　オ　である。

　　60点以上の生徒が10人未満であるクラスは　カ　であり，20人以上いるクラスは　キ　である。

　　40点以下の生徒が10人未満であるクラスは　ク　と　ケ　であり，20人以上いるクラスは　コ　である。

　　ウ　～　コ　の解答群(同じものを繰り返し選んでもよい。また，　ウ　と　エ　，　ク　と　ケ　の解答の順序は問わない。)

⓪ A組	① B組	② C組	③ D組

(3) A組について，40点以上70点以下の生徒の人数として，考えられる最大の人数は　サシ　人であり，最小の人数は　スセ　人である。

データの分析

(4) B組は再テストを行うことになり，テストの結果は次のようになった。

76	68	67	62	60	58	58	56	48	45
45	44	43	42	42	41	41	40	40	40
40	39	38	36	36	35	35	34	34	33
32	31	31	30	30	24	18	17	14	

　　このデータにおいて，四分位範囲は　ソタ　.　チ　であり，外れ値の個数は　ツ　個である。

　　ただし，外れ値は次のような値とする。

　　　　　「(第1四分位数)−1.5×(四分位範囲)」以下のすべての値

　　　　　「(第3四分位数)+1.5×(四分位範囲)」以上のすべての値

★★36 【12分】

図1は，ある都市におけるある年の毎月1日の最低気温を変量 x，最高気温を変量 y とした散布図である。

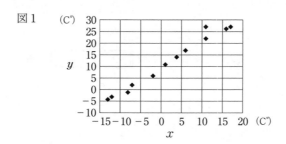

図1

(1) 1月から12月までの変量 x は次のとおりであった。

$$-13, \quad -12, \quad -7, \quad 1, \quad 6, \quad 11, \quad 16, \quad 17, \quad 11, \quad 4, \quad -2, \quad -8 \quad （単位は℃）$$

この12個の値の平均値は $\boxed{ア}.\boxed{イ}$ ℃，中央値は $\boxed{ウ}.\boxed{エ}$ ℃である。

また，第1四分位数は $\boxed{オカ}.\boxed{キ}$ ℃，第3四分位数は $\boxed{クケ}.\boxed{コ}$ ℃である。

(2) 変量 x のデータの分散を $v(\fallingdotseq 102)$，標準偏差を $s(\fallingdotseq 10.1)$ とする。温度の単位は，摂氏(℃)のほかに華氏(℉)があり，摂氏(℃)での温度を1.8倍し32を加えると華氏(℉)の温度になる。

変量 x を華氏(℉)で表すと，平均値は $\boxed{サ}$，分散は $\boxed{シ}$，標準偏差は $\boxed{ス}$ である。

$\boxed{サ}$ ～ $\boxed{ス}$ の解答群

⓪ $\boxed{ア}.\boxed{イ}\times1.8$	① $\boxed{ア}.\boxed{イ}\times1.8+32$
② $v\times1.8$	③ $v\times1.8+32$
④ $v\times1.8^2$	⑤ $v\times1.8^2+32$
⑥ $s\times1.8$	⑦ $s\times1.8+32$
⑧ $s\times1.8^2$	⑨ $s\times1.8^2+32$

（次ページに続く。）

(3) 変量 y の 12 個のデータについて

平均値 …… 12.0 ℃
中央値 …… 12.5 ℃
第 1 四分位数 …… 0.5 ℃
第 3 四分位数 …… 24 ℃

である。

しかし，変量 x と変量 y の散布図のデータの中で，入力ミスが見つかった。変量 x の値が 11 ℃，変量 y の値が 27 ℃ となっている月の変量 y の値は，正しくは，21 ℃ であった。

この誤りを修正すると，変量 y の平均値は ┃ セ ┃.┃ ソ ┃℃ 減少する。中央値は ┃ タ ┃ し，第 1 四分位数は ┃ チ ┃ し，第 3 四分位数は ┃ ツ ┃ する。また，分散は ┃ テ ┃ する。

┃ タ ┃～┃ テ ┃ の解答群(同じものを繰り返し選んでもよい。)

⓪ 修正前より減少	① 修正前と一致	② 修正前より増加

(4) 修正後の変量 x と変量 y の相関係数 r の値は ┃ ト ┃ を満たす。

┃ ト ┃ の解答群

⓪ $-1 \leq r \leq -0.8$	① $-0.5 \leq r \leq -0.3$
② $0.3 \leq r \leq 0.5$	③ $0.8 \leq r \leq 1$

データの分析

★★37 【12分】

表1は，3回行われた30点満点のゲームの得点をまとめたものである。1回戦の
ゲームに15人の選手が参加し，そのうちの得点が上位の10人が2回戦のゲームに参
加した。さらに，2回戦の得点が上位の6人が3回戦のゲームに参加した。表中の「－」
は，そのゲームに参加しなかったことを表している。なお，ゲームの得点は整数値を
とるものとする。

表1　3回のゲームの得点

番号	1回戦(点)	2回戦(点)	3回戦(点)
1	21	20	－
2	28	30	C
3	17	－	－
4	4	－	－
5	25	28	D
6	26	30	27
7	19	20	－
8	24	24	23
9	13	－	－
10	21	22	－
11	14	－	－
12	18	－	－
13	19	18	－
14	28	24	30
15	23	24	23
平均値	20.0	24.0	26.0
分散	38.1	A	8.0
標準偏差	6.2	B	2.8

(1)　1回戦のゲームに参加した15人の得点の中央値は $\boxed{アイ}.\boxed{ウ}$ 点，第1四分

位数は $\boxed{エオ}.\boxed{カ}$ 点，第3四分位数は $\boxed{キク}.\boxed{ケ}$ 点である。したがって，

四分位範囲は $\boxed{コ}.\boxed{サ}$ 点である。

このデータにおいて

$$（第1四分位数）－1.5×（四分位範囲）＝\boxed{シ}$$

であるから，$\boxed{シ}$ 以下の値を外れ値とすると，番号4の4点が外れ値になる。

（次ページに続く。）

(2) 1回戦の得点の箱ひげ図は ス である。なお，外れ値を＊で表している。

ス については，最も適当なものを，次の⓪〜③のうちから一つ選べ。

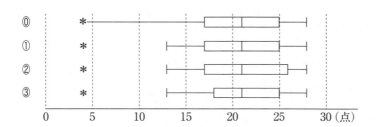

(3) 2回戦のゲームに参加した10人の得点について，平均値24.0からの偏差の最大値は セ . ソ 点である。また，分散Aの値は タチ . ツ ，標準偏差Bの値は テ . ト 点である。

(4) 3回戦のゲームの得点について，大小関係C＞Dが成り立っている。
C，Dの値から平均値26.0点を引いた偏差を，それぞれ x，y とする。
つまり

$$x＝C-26, \qquad y＝D-26$$

とする。
3回戦のゲームの得点の平均値が26.0点，分散が8.0点であることから，次の式が成り立つ。

$$x+y＝\boxed{\text{ナ}}, \qquad x^2+y^2＝\boxed{\text{ニヌ}}$$

(5) Cの値は ネノ ，Dの値は ハヒ である。

データの分析

★★38 【12分】

　20人のクラスで単語テストを2回行った。表1は，2回のテストの結果をまとめたものである。表1の横軸は1回目の得点を，縦軸は2回目の得点を表している。表1中の数値は，2回の得点の組合せに対応する人数を表している。ただし，得点は，0以上10以下の整数値をとり，空欄は0人であることを表している。例えば，1回目が4点，2回目が5点である生徒の人数は4である。

　また，表2は，2回の得点のデータをまとめたものである。ただし，表の数値はすべて正確な値であり，四捨五入されていない。

表1　2回のテストの結果

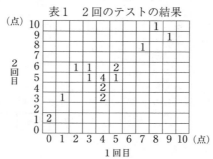

表2　2回のテストの得点のデータ

	平均値	中央値	分散	1回目と2回目の得点の共分散
1回目の得点	4.0	4.0	5.0	
2回目の得点	5.0	5.0	5.0	4.3

(1)　表1から読み取れることとして，次の⓪〜⑥のうち，正しいものは ア と イ である。

ア ， イ の解答群（解答の順序は問わない。）

> ⓪　1回目の得点が7点以上の生徒は，2回目の得点が1回目の得点より小さくなっている。
> ①　1回目の得点が5点以上の生徒の人数は5人である。
> ②　1回目の得点が4点以下の生徒の得点は，2回目の得点も4点以下である。
> ③　2回目の得点が1回目の得点より小さい生徒の人数は2人である。
> ④　2回目の得点が1回目の得点より3点以上大きい生徒はいない。
> ⑤　6点以上の得点をとった生徒の人数は，1回目より2回目の方が多い。
> ⑥　4点以下の得点をとった生徒の人数は，2回目より1回目の方が5人多い。

（次ページに続く。）

(2) 1回目と2回目の得点を箱ひげ図にまとめたとき，1回目の得点の箱ひげ図は ウ であり，2回目の得点の箱ひげ図は エ である。

ウ ， エ については，最も適当なものを，次の⓪～⑦のうちから一つずつ選べ。

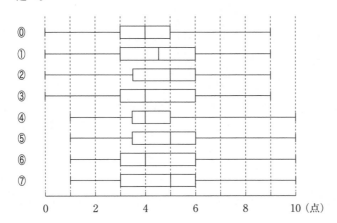

(3) 1回目の得点と2回目の得点の相関係数の値は オ ． カキ である。

(4) 1回目の得点を X，2回目の得点を Y として，Z を
$$Z = aY + b$$
と定める。ただし，a，b は定数，$ab \neq 0$ とする。

・Z の分散は，Y の分散の ク 倍になる。

・Z の標準偏差は，Y の標準偏差の ケ 倍になる。

・X と Z の共分散は，X と Y の共分散の コ 倍である。

・X と Z の相関係数は，X と Y の相関係数の サ 倍である。

ク ～ サ の解答群（同じものを繰り返し選んでもよい。）

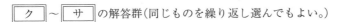

⓪ 1	① a	② b	③ $|a|$	④ $|b|$
⑤ a^2	⑥ b^2	⑦ $a+b$	⑧ $\dfrac{a}{|a|}$	⑨ $\dfrac{b}{|b|}$

★★39 【15分】

四つの組 A, B, C, D で同じ 100 点満点のテストを行ったところ, 各組の成績は表 1 のような結果となった。ただし, 表 1 の数値はすべて正確な値であり, 四捨五入されていないものとする。

組	人数	平均値	中央値	標準偏差
A	20	65.0	65.0	20.0
B	20	64.0	60.0	12.0
C	25	58.0	60.0	24.0
D	25	64.0	65.0	14.0

表1

(1) 各組の点数に基づいて箱ひげ図を作ったところ, A〜D の各組の箱ひげ図が, それぞれ図 1 の四つのうちのどれか一つとなった。このとき, A 組は ┃ ア ┃, C 組は ┃ イ ┃ である。

┃ ア ┃, ┃ イ ┃ については, 最も適当なものを, 次の ⓪〜③ のうちから一つずつ選べ。

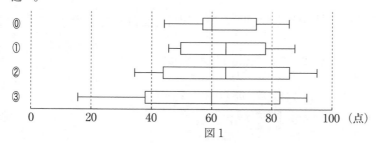

図1

(2) 図 1 の箱ひげ図から, 最小値が最も小さい組は ┃ ウ ┃, 第 1 四分位数が最も小さい組は ┃ エ ┃ であり, 第 3 四分位数が最も小さい組は ┃ オ ┃ であり, 最大値が最も大きい組は ┃ カ ┃, 四分位偏差が最も小さい組は ┃ キ ┃ であることがわかる。

┃ ウ ┃ 〜 ┃ キ ┃ の解答群(同じものを繰り返し選んでもよい。)

⓪ A	① B	② C	③ D

(次ページに続く。)

(3) 図2の四つのヒストグラムは，A～Dの各組のヒストグラムのいずれかに当てはまる。ただし，ヒストグラムの各階級の区間は，左側の数値を含み右側の数値を含まない。また，満点は最後の階級に含めることにする。このとき，B組は　ク　，C組は　ケ　である。

　ク　，　ケ　については，最も適当なものを，次の⓪～③のうちから一つずつ選べ。

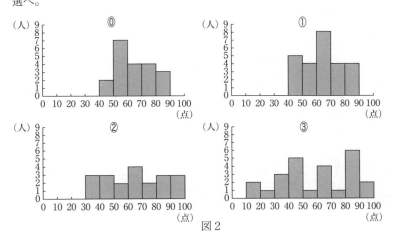

図2

(4) B組とC組を合わせて45人のデータとするとき，点数の平均値は　コサ　.　シ　であり，中央値は　ス　。

　ス　の解答群

⓪ 60より小さくなる	① 60のままである
② 60より大きくなる	③ これだけのデータではわからない

(5) B組とD組を合わせて45人のデータとするとき，45人全体の分散を求めてみよう。一般に，n 個のデータ x_1, x_2, ……, x_n の平均値 $\bar{x}$ と分散 s^2 について

$$s^2 = \frac{1}{n}(x_1{}^2 + x_2{}^2 + \cdots\cdots + x_n{}^2) - (\bar{x})^2$$

という関係式が成り立つ。

　この式を用いると，B組の20人の点数をそれぞれ2乗したものの平均値は　セソタチ　.　ツ　。また，D組の25人の点数をそれそれ2乗したものの平均値は　テトナニ　.　ヌ　となる。したがって，45人全体の点数の分散は　ネノハ　.　ヒ　である。

★★★ *40* 【15分】

表1は，ある体育系クラブの部員20人の生徒を二つのグループに分けて，垂直跳び(cm)と1分間の腹筋(回)の測定をした結果である。表中の数値はすべて正確な値であり，四捨五入されていないものとする。なお，B，Cの値は整数とする。

表1　二つのグループの垂直跳びと腹筋の結果

第1グループ

番号	垂直跳び(cm)	腹筋(回)
1	45	60
2	52	54
3	47	57
4	49	48
5	51	47
6	59	47
7	55	56
8	41	50
9	45	51
10	40	40
平均値	A	51
中央値	48	50.5
分散	32.64	31.40

第2グループ

番号	垂直跳び(cm)	腹筋(回)
11	52	B
12	52	56
13	45	38
14	45	60
15	50	53
16	45	43
17	48	50
18	50	C
19	59	56
20	50	66
平均値	49.6	53
中央値	50	54
分散	16.64	57.40

(1)　第1グループに属する垂直跳びの平均値 A は　アイ　.　ウ　cm である。20人全員の垂直跳びの平均値 M は　エオ　.　カ　cm，中央値は　キク　.　ケ　cm である。

(2)　第2グループの腹筋について，平均値が53回であることから，BとCの2つの値の和は　コサシ　であることがわかる。B＞Cであるとき，中央値が54であることから，Bの値は　スセ，Cの値は　ソタ　である。

(3)　本問において，外れ値は次のような値とする。

　　　　「(第1四分位数)−1.5×(四分位範囲)」以下のすべての値
　　　　「(第3四分位数)+1.5×(四分位範囲)」以上のすべての値

(次ページに続く。)

二つのグループの垂直跳びと腹筋の結果を箱ひげ図に表した。なお，外れ値を＊で表している。第1グループの垂直跳びの箱ひげ図は $\boxed{\text{チ}}$，第1グループの腹筋の箱ひげ図は $\boxed{\text{ツ}}$ である。

$\boxed{\text{チ}}$，$\boxed{\text{ツ}}$ については，最も適当なものを，次の⓪～③のうちから一つずつ選べ。

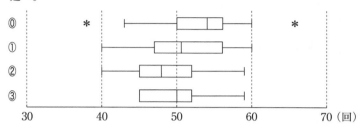

(4) 垂直跳びについて，20人全員の平均値 M からの偏差の2乗の和を二つのグループに分けて求めると，第1グループでは $\boxed{\text{テトナ}}$ であり，第2グループでは170である。したがって，20人全員の垂直跳びについて，標準偏差 S の値は $\boxed{\text{ニ}}$ ．$\boxed{\text{ヌ}}$ 回である。

(5) t を正の実数とする。20人全員の垂直跳びの平均値 M と標準偏差 S を用いて，$M-tS$ より大きく $M+tS$ より小さい範囲を考える。

20人全員の中で，垂直跳びの値がこの範囲に入っている部員の人数を $N(t)$ とするとき，$N(1)=\boxed{\text{ネノ}}$，$N(2)=\boxed{\text{ハヒ}}$ である。

(6) 次の図は，20人全員の垂直跳びの結果を横軸，腹筋の結果を縦軸にとった散布図である。クラブの部員20人について，垂直跳びと腹筋の相関係数の値は，$\boxed{\text{フ}}$ である。

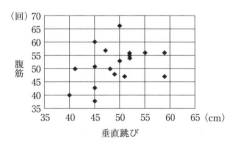

$\boxed{\text{フ}}$ については，最も適当なものを，次の⓪～③のうちから一つ選べ。

⓪ -0.9	① -0.3	② 0.3	③ 0.9

分析の
データの

★★★*41* 【15分】

表1は，10名からなるある少人数クラスをⅠ班とⅡ班に分けて，100点満点で2回ずつ実施した数学と英語のテストの結果をまとめたものである。ただし，表中の平均値は，それぞれ1回目と2回目の数学と英語のクラス全体の平均値を表している。また，A，Bの値は整数とする。

表1 2回の数学と英語のテストの結果

班	番号	1回目		2回目	
		数学	英語	数学	英語
Ⅰ	1	54	57	30	54
	2	62	68	56	63
	3	60	58	58	42
	4	75	69	49	61
	5	69	B	37	35
Ⅱ	6	A	48	40	44
	7	85	55	79	50
	8	58	83	44	70
	9	61	51	60	68
	10	63	63	52	43
平均値		65.0	C	50.5	53.0

(1) 1回目の数学の得点について，平均値が65.0点であるので，Ⅱ班の6番目の生徒の得点Aは アイ 点である。クラス全体の得点の第1四分位数は

ウエ . オ 点，第3四分位数は カキ . ク 点であるから，四分位偏差は

ケ . コ 点である。

(2) 1回目の英語の得点について，Ⅰ班の5番目の生徒の得点Bの値がわからないとき，クラス全体の得点の中央値 M の値として サ 通りの値があり得る。実際は，英語の得点のクラス全体は平均値Cが61.0点であった。したがって，Bは シス 点と定まり，中央値 M は セソ . タ 点である。

（次ページに続く。）

(3) Ｉ班の２回目の数学と英語の得点について，数学の平均値は46.0点，英語の平均値は51.0であり，分散はともに118.0である。したがって，相関係数は ┃チ┃.┃ツテ┃である。

(4) 1回目のクラス全体の数学と英語の得点の散布図は ┃ト┃ である。2回目のクラス全体の数学と英語の得点の散布図は ┃ナ┃ である。

┃ト┃，┃ナ┃については，最も適当なものを，次の⓪〜③のうちから一つずつ選べ。

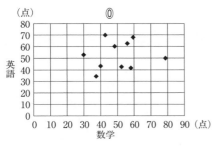

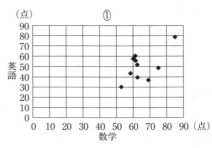

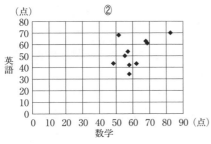

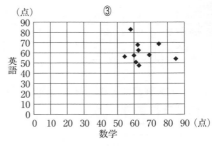

(5) 2回目のクラス全体の10名の英語の得点について，採点基準に変更があり，得点の高い方から2名の得点が2点ずつ上がり，得点の低い方から2名の得点が2点ずつ下がった。その他の6名の得点に変更はなかった。このとき，変更後の平均値は ┃ニ┃ する。また，変更後の分散は ┃ヌ┃ する。

┃ニ┃，┃ヌ┃ の解答群（同じものを繰り返し選んでもよい。）

⓪ 変更前より減少	① 変更前と一致	② 変更前より増加

42 【10分】

〔1〕 あるスポーツで，A，B両チームは例年互角の戦いをしている。今年，Aチームに有力な選手が入団したところ，対戦成績は30試合中，Aの20勝10敗であった。この有力選手の入団により，Aチームは強くなったのかどうかを仮説検定の考え方を用いて判断しよう。

今年の両チームの実力について，仮説 H_0 を
$$H_0 : A，B両チームの実力は同じである$$
として，H_0 のもとでAが20勝以上になる確率を考える。この確率がある基準となる確率より小さいならば，H_0 は誤っていると判断し，基準となる確率以上であるならば，H_0 は誤っているとは判断しないことにする。

次の**実験結果**は，30枚の硬貨を投げる実験を1000回行ったとき，表が出た枚数ごとの回数の割合を示したものである。

実験結果

表の枚数	0	1	2	3	4	5	6	7	8	9	
割合	0.0%	0.0%	0.0%	0.0%	0.0%	0.0%	0.0%	0.0%	0.1%	0.8%	
表の枚数	10	11	12	13	14	15	16	17	18	19	
割合	3.2%	5.8%	8.0%	11.2%	13.8%	14.4%	14.1%	9.8%	8.8%	4.2%	
表の枚数	20	21	22	23	24	25	26	27	28	29	30
割合	3.2%	1.4%	1.0%	0.0%	0.1%	0.0%	0.1%	0.0%	0.0%	0.0%	0.0%

この**実験結果**より，30枚の硬貨を投げて表が20枚以上出る割合は

$\boxed{ア}$. $\boxed{イ}$ ％であるから，Aチームが30試合中20勝以上になる確率は

$\boxed{ア}$. $\boxed{イ}$ ％であると考えられる。よって，基準となる確率を5％として考察すると，Aチームは $\boxed{ウ}$ 。また，基準となる確率を1％として考察すると，Aチームは $\boxed{エ}$ 。

$\boxed{ウ}$ ，$\boxed{エ}$ の解答群(同じものを繰り返し選んでもよい。)

⓪ 強くなったと判断できる
① 強くなったとは判断できない

（次ページに続く。）

〔2〕 当たりくじを引く確率が $\frac{1}{6}$ であるといわれているくじがある。太郎さんがこのくじを 30 回引いたところ，当たりが出たのは 1 回であった。このとき，このくじの当たりくじが入っている割合は $\frac{1}{6}$ より小さいといえるのかどうかを仮説検定の考え方を用いて判断しよう。

このくじについて，仮説 H_0 を

H_0：当たりくじが入っている割合は $\frac{1}{6}$ である

として，H_0 のもとでくじを 30 回引き，当たりが出る回数が 1 回以下となる確率を考える。この確率がある基準となる確率より小さいならば，H_0 は誤っていると判断し，基準となる確率以上であるならば，H_0 は誤っているとは判断しないことにする。

次の**実験結果**は，公正なサイコロを 30 個投げて 1 の目が出た個数を記録する実験を 250 回行った結果を表にしたものである。

実験結果

1 の目が出た個数	0	1	2	3	4	5	6	7	8	9	10	11	12	計
度数	2	5	24	27	45	58	40	20	17	6	4	1	1	250

この**実験結果**より，サイコロを 30 個投げて 1 の目が 1 個以下である度数は オ であり，その割合は 0. カキク である。よって，くじを 30 回引いて当たりが 1 回以下である確率は 0. カキク であると考えられる。したがって，基準となる確率を 5％として考察すると，このくじの ケ 。また，基準となる確率を 1％として考察すると，このくじの コ 。

ケ ， コ の解答群（同じものを繰り返し選んでもよい。）

⓪ 当たりくじが入っている割合は $\frac{1}{6}$ であると判断できる

① 当たりくじが入っている割合は $\frac{1}{6}$ より小さいと判断できる

② 当たりくじが入っている割合は $\frac{1}{6}$ より小さいと判断することはできない

§6	場合の数と確率

★*43*【12分】

箱の中に 10 本のくじが入っている。このうち，当たりくじは 4 本，はずれくじは 6 本である。

(1)　太郎さんと花子さんは，くじの引き方について話している。

> 太郎：箱からくじを引くときに，くじの引き方によって，当たりくじを引く確率が異なるから，それを調べてみよう。
> 花子：そうだね。やってみよう。

　　箱から 3 本のくじを同時に引く場合を考える。

　　この場合，当たりくじを 1 本だけ引く確率 p_1 は $p_1 = \dfrac{\boxed{ア}}{\boxed{イ}}$ であり，当たりくじを少なくとも 1 本引く確率 p_2 は $p_2 = \dfrac{\boxed{ウ}}{\boxed{エ}}$ である。

　　当たりくじを引いたという条件のもとで，当たりくじが 1 本だけであるという条件付き確率は $\dfrac{\boxed{オ}}{\boxed{カ}}$ である。

(2)　次に，箱からくじを 1 本引いて箱に戻すという試行を 3 回繰り返す場合を考える。

> 花子：反復試行の確率だね。
> 太郎：公式を利用することができるよ。

　　この場合，当たりくじを 1 回だけ引く確率 q_1 は $q_1 = \boxed{キ}$ であり，当たりくじを少なくとも 1 回引く確率 q_2 は $q_2 = \boxed{ク}$ である。

（次ページに続く。）

| キ |, | ク | の解答群(同じものを繰り返し選んでもよい。)

| ⓪ $\dfrac{8}{125}$ | ① $\dfrac{27}{125}$ | ② $\dfrac{36}{125}$ | ③ $\dfrac{54}{125}$ |
| ④ $\dfrac{71}{125}$ | ⑤ $\dfrac{89}{125}$ | ⑥ $\dfrac{98}{125}$ | ⑦ $\dfrac{117}{125}$ |

(3) 箱からくじを1本引いて，それを箱に戻し，次に箱から2本のくじを同時に引く場合を考える。

太郎：この場合は，最初に引くくじが当たりくじか，はずれくじかで場合分けをして考える必要があるね。

花子：なるほどね。確率を計算してみよう。

この場合，合計3本のくじのうち，当たりくじが1本だけである確率 r_1 は $r_1 =$ | ケ | であり，当たりくじを少なくとも1本引く確率 r_2 は $r_2 =$ | コ | である。

当たりくじを引いたという条件のもとで，当たりくじが1本だけであるという条件付き確率は | サ | である。

| ケ | ～ | サ | の解答群(同じものを繰り返し選んでもよい。)

| ⓪ $\dfrac{2}{5}$ | ① $\dfrac{3}{5}$ | ② $\dfrac{4}{5}$ | ③ $\dfrac{17}{30}$ | ④ $\dfrac{19}{30}$ |
| ⑤ $\dfrac{23}{30}$ | ⑥ $\dfrac{32}{75}$ | ⑦ $\dfrac{34}{75}$ | ⑧ $\dfrac{37}{75}$ | |

(4) p_1, q_1, r_1 の大小関係は | シ | であり，p_2, q_2, r_2 の大小関係は | ス | である。

| シ | の解答群

| ⓪ $p_1 > q_1 > r_1$ | ① $p_1 > r_1 > q_1$ | ② $q_1 > p_1 > r_1$ |
| ③ $q_1 > r_1 > p_1$ | ④ $r_1 > p_1 > q_1$ | ⑤ $r_1 > q_1 > p_1$ |

| ス | の解答群

| ⓪ $p_2 > q_2 > r_2$ | ① $p_2 > r_2 > q_2$ | ② $q_2 > p_2 > r_2$ |
| ③ $q_2 > r_2 > p_2$ | ④ $r_2 > p_2 > q_2$ | ⑤ $r_2 > q_2 > p_2$ |

★★44 【12分】

(1) 太郎さんと花子さんは，ジャンケンの確率について考えている。

太郎：A，B 2人でジャンケンをする場合を考えてみようか。
花子：ジャンケンの手の出し方は，グー，チョキ，パーの3通りあるから，2
　　　人の手の出し方は3^2通りあるね。

A，B 2人で1回ジャンケンをして A が勝つ確率は ア であり，あいこにな

る確率は イ である。

ア ， イ の解答群(同じものを繰り返し選んでもよい。)

⓪ $\dfrac{1}{3}$	① $\dfrac{2}{3}$	② $\dfrac{1}{9}$	③ $\dfrac{2}{9}$
④ $\dfrac{4}{9}$	⑤ $\dfrac{5}{9}$	⑥ $\dfrac{7}{9}$	⑦ $\dfrac{8}{9}$

(2) 次に，2人は，3人でジャンケンをする場合について考えている。

太郎：A，B，C 3人でジャンケンをする場合はどうなるのかな。
花子：この場合，3人の手の出し方は3^3通りあるね。

A，B，C 3人で1回ジャンケンをして，A 1人だけが勝つ確率は ウ であ

り，A，B 2人だけが勝って，C が負ける確率は エ である。

また，あいこになる確率は オ である。

ウ ～ オ の解答群(同じものを繰り返し選んでもよい。)

⓪ $\dfrac{1}{3}$	① $\dfrac{2}{3}$	② $\dfrac{1}{9}$	③ $\dfrac{2}{9}$
④ $\dfrac{4}{9}$	⑤ $\dfrac{5}{9}$	⑥ $\dfrac{7}{9}$	⑦ $\dfrac{8}{9}$

(次ページに続く。)

(3) さらに，2人は，4人でジャンケンをする場合について話している。

> 太郎：ジャンケンの確率を考えるときに，人数が増えるとあいこになる確率を
> 計算するのは難しそうだね。
> 花子：そうだね。4人でジャンケンをする場合を考えてみよう。

4人で1回ジャンケンをして，1人だけが勝つ確率は $\dfrac{カ}{キク}$ である。

また，余事象を考えると，4人で1回ジャンケンをしてあいこになる確率は

$\dfrac{ケコ}{サシ}$ である。

(4) 4人で1回ジャンケンをしたときの勝者の人数を X とする。ただし，あいこの

場合は $X=0$ とする。このとき，X の期待値は $\dfrac{スセ}{ソタ}$ である。

(5) A，B，C 3人がジャンケンをし，負けた人は次のジャンケンに参加できないも
のとする。

このとき，3回のジャンケンで1人の勝者が決まる確率は $\dfrac{チ}{ツテ}$ である。

★★45 【12分】

赤球，白球，青球がそれぞれ2個ずつ入った袋がある。赤球には1，1，白球には1，2，青球には2，2という数字が一つずつ書いてある。

この袋の中から球を1個ずつ3回取り出すことを考える。ただし，赤球と白球を取り出したときは球を袋の中に戻し，青球のときは戻さないことにする。

(1) 3回とも赤球を取り出す確率は $\dfrac{\boxed{ア}}{\boxed{イウ}}$ である。

取り出した球の色が，白，青，赤の順になる確率は $\dfrac{\boxed{エ}}{\boxed{オカ}}$ である。

取り出した球の色が，青，青，赤の順になる確率は $\dfrac{\boxed{キ}}{\boxed{クケ}}$ である。

青球を2回，赤球を1回取り出す確率は $\dfrac{\boxed{コサ}}{\boxed{シスセ}}$ である。

(2) 2回目に取り出した球に書いてある数字が1である確率は $\dfrac{\boxed{ソ}}{\boxed{タチ}}$ である。また，

取り出した球に書いてある数字が3回とも2である確率は $\dfrac{\boxed{ツテト}}{\boxed{ナニヌネ}}$ である。

★★ *46* 【12分】

　右の図のような格子状の道が与えられている。点Oから出発して各交差点(Oを含む)で1回硬貨を投げる。表が出れば右隣りの交差点へ、裏が出れば上隣りの交差点へ進むものとする。8回硬貨を投げて進む場合を考える。

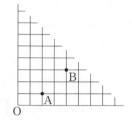

(1)　　　　　A を通る確率は　　$\dfrac{\boxed{\text{ア}}}{\boxed{\text{イ}}}$

　　　　　　　B を通る確率は　　$\dfrac{\boxed{\text{ウエ}}}{\boxed{\text{オカキ}}}$

　　　　　　　A も B も通る確率は　　$\dfrac{\boxed{\text{ク}}}{\boxed{\text{ケコ}}}$

であるから

　　　　　　　A を通り、B を通らない確率は　　$\dfrac{\boxed{\text{サシ}}}{\boxed{\text{スセ}}}$

　　　　　　　A も B も通らない確率は　　$\dfrac{\boxed{\text{ソタ}}}{\boxed{\text{チツテ}}}$

である。

(2)　　　　　A を通ったとき、B を通る条件付き確率は　　$\dfrac{\boxed{\text{ト}}}{\boxed{\text{ナ}}}$

　　　　　　　B を通ったとき、A を通っている条件付き確率は　　$\dfrac{\boxed{\text{ニヌ}}}{\boxed{\text{ネノ}}}$

である。

(3)　A、B を通るとそれぞれ得点が1点ずつ得られるものとする。このとき得点の期待値は　$\dfrac{\boxed{\text{ハヒ}}}{\boxed{\text{フヘホ}}}$　点である。

★★47【12分】

円周を 12 等分した点を反時計回りの順に P_1, P_2, P_3, ……, P_{12} とする。このうち異なる 3 点を選び，それらを頂点とする三角形を作る。以下，このようにして作られる三角形について考える。

(1) 三角形の個数は，全部で $\boxed{アイウ}$ 個である。

このうち正三角形は $\boxed{エ}$ 個で，直角二等辺三角形は $\boxed{オカ}$ 個である。

(2) 三角形が，正三角形でない二等辺三角形になる確率は $\dfrac{\boxed{キク}}{\boxed{ケコ}}$ である。

また，直角三角形になる確率は $\dfrac{\boxed{サ}}{\boxed{シス}}$ である。

(3) 三角形が二等辺三角形（正三角形を含む）であるとき，それが直角三角形である条件付き確率は $\dfrac{\boxed{セ}}{\boxed{ソタ}}$ であり，正三角形である条件付き確率は $\dfrac{\boxed{チ}}{\boxed{ツテ}}$ である。

(4) 三角形が正三角形ならば 3 ポイント，正三角形でない二等辺三角形ならば 2 ポイント，その他の三角形ならば 1 ポイントを得るものとする。

このとき，得るポイントの期待値は $\dfrac{\boxed{トナ}}{\boxed{ニヌ}}$ ポイントである。

$^{\star\star}48$ 【12分】

赤球が2個，青球が3個，白球が4個ある。これら9個の球を袋に入れてよくかきまぜ，その中から4個の球を取り出す。

取り出したものに同じ色の球が2個あるごとに，これを1組としてまとめる。まとめられた組に対しては，赤は1組につき5点，青は1組につき3点，白は1組につき1点が与えられる。

このときの得点の合計を X とする。

(1) 取り出した4個の球について，同じ色の組が2組あるとき，X の最大値は $\boxed{\text{ア}}$ であり，最小値は $\boxed{\text{イ}}$ である。また，同じ色の組が1組であるときも含めて，X のとり得る値は $\boxed{\text{ウ}}$ 通りである。

(2) X が最大値をとる確率は $\dfrac{\boxed{\text{エ}}}{\boxed{\text{オカ}}}$ である。

(3) $X=5$ となる確率は $\dfrac{\boxed{\text{キ}}}{\boxed{\text{クケ}}}$ である。また，$X=3$ となる確率は $\dfrac{\boxed{\text{コ}}}{\boxed{\text{サシ}}}$ である。

(4) X が最小値をとる確率は $\dfrac{\boxed{\text{ス}}}{\boxed{\text{セ}}}$ である。また，X が最小値をとるという条件のもとで，取り出された球の色が3色である条件付き確率は $\dfrac{\boxed{\text{ソ}}}{\boxed{\text{タチ}}}$ である。

(5) X の期待値は $\dfrac{\boxed{\text{ツテト}}}{\boxed{\text{ナニ}}}$ である。

★★★**49**【12分】

数字1が記入されたカードが4枚，数字2が記入されたカードが2枚，数字3が記入されたカードが2枚の計8枚のカードがある。

(1) 8枚のカードから3枚のカードを取り出す。取り出したカードに記入された三つの数字の組合せは　ア　通りである。また，取り出した3枚のカードの数字を並べてできる3桁の整数は　イウ　通りである。

(2) 8枚のカードから同時に3枚のカードを取り出す。事象 A, B, C を

  A：3枚のカードの数字がすべて同じである

  B：3枚のカードのうち，2枚のカードの数字だけが同じである

  C：3枚のカードの数字がすべて異なる

とする。

このとき

$$P(A) = \frac{エ}{オカ}, \quad P(B) = \frac{キ}{クケ}, \quad P(C) = \frac{コ}{サ}$$

である。

また，事象 D を

  D：3枚のカードの数字の和が4以下である

とすると

$$P(D) = \frac{シ}{ス}$$

であり

$$P_D(B) = \frac{セ}{ソ}$$

である。

（次ページに続く。）

(3) 8枚のカードから1枚ずつ順に3枚のカードを取り出す。ただし，取り出したカードはもとに戻さないものとする。事象 E_i $(i=1, 2, 3)$ を

E_i：i 回目に数字1のカードを取り出す

とする。E_i の余事象を $\overline{E_i}$ と表す。

このとき

$$P(E_2) = \frac{\boxed{タ}}{\boxed{チ}}$$

$$P(E_1 \cup E_2) = \frac{\boxed{ツテ}}{\boxed{トナ}}$$

$$P(\overline{E_1} \cap \overline{E_2}) = \frac{\boxed{ニ}}{\boxed{ヌネ}}$$

である。

また，事象 F を

F：3枚のカードの数字の和が4以下である

とすると

$$P(F) = \frac{\boxed{ノ}}{\boxed{ハ}}$$

であり

$$P_F(\overline{E_3}) = \frac{\boxed{ヒ}}{\boxed{フ}}$$

である。

★★★**50**【12分】

　右図のように，正六角形の中心をOとし，六つの頂点を
A_1，A_2，A_3，A_4，A_5，A_6とする。今，サイコロを投げて
出る目の数字によって，次のように点Pを移動させるゲー
ムを行う。

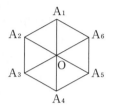

- PがA_1，A_2，A_3，A_5，A_6の位置にあるとき
  - ・1，2の目が出ると反時計まわりに一つ隣りの頂点に
  - ・3，4の目が出ると時計まわりに一つ隣りの頂点に
  - ・5，6の目が出るとOの位置に
  移動させる。
- PがOの位置にあるとき
  出た目がi（$1 \leq i \leq 6$）ならば，A_iの位置に移動させる。

　最初A_1の位置から始めて，A_4の位置に移動するまで続けるとする。ただし，A_4
の位置に到達するか，または6回の移動の後，ゲームを終了するものとする。

(1)　2回の移動で点PがA_3の位置にある確率は$\dfrac{\boxed{ア}}{\boxed{イ}}$であり，点PがOの位置に

ある確率は$\dfrac{\boxed{ウ}}{\boxed{エ}}$である。

(2)　3回の移動で点PがA_3の位置にある確率は$\dfrac{\boxed{オ}}{\boxed{カキ}}$であり，点PがOの位置に

ある確率は$\dfrac{\boxed{クケ}}{\boxed{コサ}}$である。

（次ページに続く。）

(3) 4回以内の移動で点 P が A_4 の位置に到達する確率は $\dfrac{\boxed{シス}}{\boxed{セソタ}}$ である。

(4) 4回以内の移動で点 P が A_4 の位置に到達したとき，3回目に点 P が O の位置に

あった条件付き確率は $\dfrac{\boxed{チ}}{\boxed{ツ}}$ である。

(5) このゲームにおいて，4回以内の移動で点 P が A_4 の位置に到達したときには，
次のように賞金を受け取ることができる。

2回の移動で A_4 の位置に到達すると　　1000 円
3回の移動で A_4 の位置に到達すると　　 500 円
4回の移動で A_4 の位置に到達すると　　 300 円

その他の場合の賞金は 0 円とする。

このゲームの参加料が 200 円であるとき，賞金額の期待値を考えると，このゲームに参加することは $\boxed{テ}$ 。

$\boxed{テ}$ の解答群

⓪ 得である	① 得であるとはいえない

確率と場合の数

§7	図形の性質

*51 【10分】

太郎さんと花子さんのクラスで，先生から次の**問題**が出題された。

問題　△ABC において，AB:AC=2:3 とする。辺 AB，BC の中点をそれぞれ M，N とし，∠BAC の二等分線が線分 MN，辺 BC と交わる点をそれぞれ P，Q とする。このとき，$\dfrac{NQ}{BQ}$ と $\dfrac{PQ}{AP}$ の値を求めよ。

---

(1) 太郎さんは，$\dfrac{NQ}{BQ}$ について考えている。

太郎さんの解法

辺 BC の長さを a とする。点 N は辺 BC の中点であるから
$$BN = \boxed{\text{ア}}\, a$$
である。また，線分 AQ は∠BAC の二等分線であるから
$$BQ = \boxed{\text{イ}}\, a$$
である。よって
$$NQ = \boxed{\text{ウ}}\, a$$
となるので
$$\frac{NQ}{BQ} = \boxed{\text{エ}}$$
である。

$\boxed{\text{ア}}$ ～ $\boxed{\text{エ}}$ の解答群(同じものを繰り返し選んでもよい。)

⓪ $\dfrac{1}{2}$ 　① $\dfrac{1}{3}$ 　② $\dfrac{2}{3}$ 　③ $\dfrac{1}{4}$ 　④ $\dfrac{3}{4}$

⑤ $\dfrac{1}{5}$ 　⑥ $\dfrac{2}{5}$ 　⑦ $\dfrac{1}{10}$ 　⑧ $\dfrac{3}{10}$ 　⑨ $\dfrac{7}{10}$

(次ページに続く。)

(2) 花子さんは，$\dfrac{PQ}{AP}$ について考えている。

花子さんの解法

点 M，N はそれぞれ辺 AB，BC の中点であるから，$\boxed{\text{オ}}$ を用いると

$$MN = \boxed{\text{カ}}\ AC$$

$$MP = \boxed{\text{キ}}\ AB$$

である。よって

$$\dfrac{PN}{PM} = \boxed{\text{ク}}$$

であるから

$$\dfrac{PQ}{AP} = \boxed{\text{ケ}}$$

である。

$\boxed{\text{オ}}$ の解答群

⓪ 円周角の定理　　　① 三垂線の定理　　　② 中点連結定理

③ 中線定理　　　④ 方べきの定理

$\boxed{\text{カ}} \sim \boxed{\text{ケ}}$ の解答群（同じものを繰り返し選んでもよい。）

⓪ $\dfrac{1}{2}$　　① $\dfrac{1}{3}$　　② $\dfrac{2}{3}$　　③ $\dfrac{1}{4}$　　④ $\dfrac{3}{4}$

⑤ $\dfrac{1}{5}$　　⑥ $\dfrac{2}{5}$　　⑦ $\dfrac{1}{10}$　　⑧ $\dfrac{3}{10}$　　⑨ $\dfrac{7}{10}$

---

(3) 四角形 BQPM の面積は，四角形 APNC の面積の $\dfrac{\boxed{\text{コ}}}{\boxed{\text{サ}}}$ 倍である。

★★52 【15分】

太郎さんと花子さんは，三角形と円に関する新しい定理を学習し，先生から次のような**課題**が出された。

> **課題** △ABC において，辺 AB，AC 上にそれぞれ点 D，E をとり，直線 BC と直線 DE の交点を F とする。ただし，点 F は辺 BC の C 側の延長上にある。この三角形 ABC について，次の〔1〕，〔2〕，〔3〕の問いに答えよ。

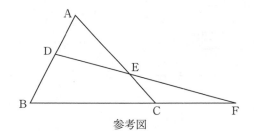

参考図

〔1〕 △ABC において，点 D は辺 AB を 3:4 に内分し，点 E は辺 AC を 4:1 に内分するものとする。このとき

$$\frac{\text{CF}}{\text{BC}} = \frac{\boxed{\text{ア}}}{\boxed{\text{イウ}}}$$

であり

$$\frac{\text{EF}}{\text{DE}} = \frac{\boxed{\text{エ}}}{\boxed{\text{オカ}}}$$

である。

（次ページに続く。）

〔2〕 直線 BE と線分 AF の交点を G とする。△ABC において，点 D は辺 AB を 1:2 に内分し，点 F は辺 BC を 7:2 に外分するものとする。このとき

$$\frac{AG}{FG} = \frac{\boxed{キ}}{\boxed{ク}}$$

である。

△ABC の面積を S，△AEF の面積を T として，$\dfrac{T}{S}$ の値を求めよう。

太郎さんと花子さんは，この問題について考えている。

太郎：△AEF の面積を T とするから，他の三角形の面積を T で表すことにしよう。
花子：そうだね。線分の比を利用して面積比を求めてみよう。

△ABE と△BEF の面積は

$$△ABE = \boxed{ケ}\, T, \qquad △BEF = \boxed{コ}\, T$$

と表される。

また，△BCE の面積は

$$△BCE = \boxed{サ}\, T$$

と表されるから

$$\frac{T}{S} = \frac{\boxed{シス}}{\boxed{セソ}}$$

である。

$\boxed{ケ} \sim \boxed{サ}$ の解答群（同じものを繰り返し選んでもよい。）

⓪ 2	① 3	② $\dfrac{3}{2}$	③ $\dfrac{5}{2}$	④ $\dfrac{7}{5}$
⑤ $\dfrac{9}{5}$	⑥ $\dfrac{13}{5}$	⑦ $\dfrac{10}{7}$	⑧ $\dfrac{13}{7}$	⑨ $\dfrac{19}{7}$

（次ページに続く。）

図形の性質

〔3〕　△ABC において

$$AD:AE=3:4, \qquad BD:CE=2:1$$

とする。このとき

$$\frac{BF}{CF} = \frac{\boxed{タ}}{\boxed{チ}}$$

である。

さらに，4点 B，C，E，D が同一円周上にあるとき，$\dfrac{AB}{AC}$ の値を求めよう。

この問題について，先生と太郎さん，花子さんが話している。

先生：今日の授業で学習したことを覚えていますか。
太郎：円に内接する四角形の性質ですか。
花子：それも習ったけど，ここでは別の性質を使うんだよ。
太郎：なるほど。

$AD=3a$，$CE=b$ とおいて $\boxed{ツ}$ を用いると，a，b の間には

$$b = \frac{\boxed{テ}}{\boxed{ト}}\, a$$

が成り立つ。

よって

$$\frac{AB}{AC} = \frac{\boxed{ナ}}{\boxed{ニ}}$$

である。

$\boxed{ツ}$ の解答群

⓪ 円周角の定理	① 接弦定理	② 方べきの定理
③ 三平方の定理	④ メネラウスの定理	

★★*53* 【12 分】

円に内接する四角形 ABCD において，AB＝5，BC＝2，CD＝1，DA＝6 とする。2 直線 BC と AD の交点を E とし，2 直線 AB と DC の交点を F とする。

(1) EC＝x，ED＝y とおいて，三角形の相似を利用すると

$$\frac{x}{y+\boxed{\text{ア}}}=\frac{y}{x+\boxed{\text{イ}}}=\frac{1}{5}$$

が成り立つ。ゆえに，$x=\dfrac{\boxed{\text{ウ}}}{\boxed{\text{エ}}}$ である。

同様にして，FC＝$\boxed{\text{オ}}$ である。

(2) △FBC の外接円と直線 EF との交点で F と異なる点を G とする。

このとき，EG·EF＝$\dfrac{\boxed{\text{カキ}}}{\boxed{\text{ク}}}$ である。

また，4 点 F，G，C，B は同一円周上にあり，4 点 A，B，C，D も同一円周上にあるから，∠FGC＝∠$\boxed{\text{ケ}}$＝∠EDC となる。これより，4 点 E，D，C，G は同一円周上にあることがわかる。

したがって，FG·FE＝$\boxed{\text{コ}}$ である。よって，EF＝$\dfrac{\sqrt{\boxed{\text{サシ}}}}{\boxed{\text{ス}}}$ である。

$\boxed{\text{ケ}}$ の解答群

⓪ BAD	① BCD	② ABC	③ ADC	④ BFG
⑤ FBC	⑥ BCG	⑦ CGE	⑧ GCD	⑨ DEG

★★*54* 【12分】

中心 A の円 A と，中心 B の円 B が点 C で外接している。点 D は円 A の周上に，点 E は円 B の周上にあり，直線 DE は二つの円の共通接線となっている。2直線 DA，EC の交点を F とする。

(1) AD∥ ア から，△ イ と △ ウ は相似であり，AF＝ エ であるから，F は円 A の周上にあり，∠FCD＝ オカ ° となる。

ア ， エ の解答群(同じものを繰り返し選んでもよい。)

⓪ AB	① AC	② BC	③ BE	④ CE	⑤ CF	⑥ EF

イ ， ウ の解答群(解答の順序は問わない。)

⓪ ABD	① ABE	② ABF	③ ACD	④ ACE
⑤ ACF	⑥ ADE	⑦ AEF	⑧ BCE	⑨ BCF

(2) 円 A の半径を 2，円 B の半径を 3 とする。このとき

$$DE＝\boxed{キ}\sqrt{\boxed{ク}}$$

であり

$$CD＝\frac{\boxed{ケ}\sqrt{\boxed{コサ}}}{\boxed{シ}}$$

$$CF＝\frac{\boxed{ス}\sqrt{\boxed{セソ}}}{\boxed{タ}}$$

である。

$\star\star$*55* 【12分】

長方形 ABCD において，AB=9 であり，かつ，△ABC の内接円の半径が 3 である
とする。このとき

$$BC = \boxed{アイ}, \qquad AC = \boxed{ウエ}$$

である。

△ABC の内接円の中心を P，△BCD の内接円の中心を Q とすると，PQ$= \boxed{\ オ\ }$

であり，円 P と円 Q は $\boxed{\ カ\ }$。

また，CP$= \boxed{キ}\sqrt{\boxed{クケ}}$ であるから，円 P に外接し，辺 BC と線分 AC の両
方に接する円の半径は

$$\frac{\boxed{コサ} - \boxed{シ}\sqrt{\boxed{スセ}}}{\boxed{ソ}}$$

である。

$\boxed{\ カ\ }$ の解答群

⓪ 内接する	① 異なる 2 点で交わる
② 外接する	③ 共有点をもたない

図形の性質

★★*56* 【12分】

　△ABC の外接円を O とし，外接円 O の点 A を含まない弧 BC 上に点 G をとる。点 G から直線 AB，BC，CA に垂線を引き，直線 AB，BC，CA との交点をそれぞれ D，E，F とする。∠A≦90° の場合に，3 点 D，E，F の位置関係を調べよう。

(1)　∠A が鋭角の場合を考える。

　　4 点 G，E，B，D は

$$∠GDB=\boxed{\text{ア}}=90°$$

であるから同一円周上にあり，したがって

$$∠BED=\boxed{\text{イ}} \quad\quad\quad ……①$$

同じようにして，4 点 G，C，F，E も同一円周上にあるので

$$∠CEF=\boxed{\text{ウ}} \quad\quad\quad ……②$$

さらに，四角形 ABGC は円 O に内接するから

$$∠DBG=\boxed{\text{エ}}$$

これと∠BDG＝∠GFC＝90°から

$$∠BGD=\boxed{\text{オ}} \quad\quad\quad ……③$$

①，②，③から∠BED＝$\boxed{\text{カ}}$ が成り立つ。したがって，∠DEF＝180° となり，3 点 D，E，F は一直線上にある。

　$\boxed{\text{ア}}$～$\boxed{\text{カ}}$ の解答群(同じものを繰り返し選んでもよい。)

⓪　∠BGC	①　∠BGD	②　∠BCG	③　∠CEF	④　∠CGF
⑤　∠CBG	⑥　∠GCF	⑦　∠GEB	⑧　∠GFC	

(次ページに続く。)

(2) ∠A が直角の場合を考える。

このとき，四角形 ADGF は $\boxed{\text{キ}}$。

点 G が弧 BC 上を動くとき，線分 DF の長さが最大になるのは線分 AG が円 O の直径になるときであり，このとき点 E は線分 BC を $\boxed{\text{ク}}$ に内分する。

$\boxed{\text{キ}}$ の解答群

⓪ 正方形である	① 長方形である
② ひし形である	③ 平行四辺形である

$\boxed{\text{ク}}$ の解答群

⓪ AB：AC	① AC：AB	② AB^2：AC^2
③ AC^2：AB^2	④ AB・AC：BC^2	⑤ BC^2：AB・AC

図形の性質

★★57【15分】

AB＝BO である二等辺三角形 OAB の内接円の中心（内心）を I とする。辺 OA の延長と点Cで，辺 OB の延長と点Dで接し，辺 AB と接する∠AOB 内の円の中心（傍心）を J とする。さらに，辺 OA の中点を M とする。

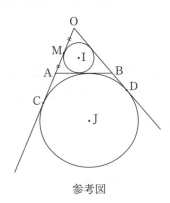

参考図

(1)　四角形 BMCJ が長方形であることを示そう。

　　　△OAB は二等辺三角形であるから

$$\angle BAO=\angle\boxed{\text{ア}}$$

であり，△OAB の外角を考えることにより

$$\angle ABD=2\angle\boxed{\text{イ}}$$

である。また，円 J は直線 AB，OB と接するので

$$\angle ABJ=\angle\boxed{\text{ウ}}$$

であるから

$$\angle ABD=2\angle\boxed{\text{エ}}$$

である。

　　よって，$\angle\boxed{\text{イ}}=\angle\boxed{\text{エ}}$ が成り立つので

$$OA\,/\!/\boxed{\text{オ}}$$

　　　　　　　　　　　　　　　　　　　　　　　　　　……①

である。また，$\angle BMA=\boxed{\text{カキ}}°$，$\angle JCO=\boxed{\text{クケ}}°$ であるから，四角形 BMCJ は長方形である。

（次ページに続く。）

| ア |〜| エ |の解答群(同じものを繰り返し選んでもよい。)

| ⓪ | ABO | ① | AOB | ② | BAJ |
| ③ | CAJ | ④ | DBJ | ⑤ | DAJ |

| オ |の解答群

| ⓪ | BJ | ① | DJ | ② | IJ |

(2) OA＝4，OB＝7 とする。

このとき，BM＝$\boxed{コ}\sqrt{\boxed{サ}}$であり，3点 B，I，M は同一直線上にあるから，BI＝$\dfrac{\boxed{シ}\sqrt{\boxed{ス}}}{\boxed{セ}}$である。

また，3点 O，I，J は同一直線上にあるから，①より∠BJI＝∠BOI となり，BJ＝$\boxed{ソ}$である。

さらに，∠IBJ＝$\boxed{タチ}$°であるから，IJ＝$\dfrac{\boxed{ツ}\sqrt{\boxed{テト}}}{\boxed{ナ}}$である。

図形の性質

***58 【12分】

次の図の立体は，1辺の長さが2の立方体から各辺の中点を通る平面で8個のかど
を切り取った多面体である。

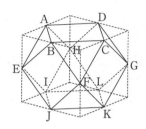

(1) 直線 AB と直線 CG のなす角は $\boxed{アイ}^\circ$ であり，直線 AB と直線 CF のなす角は $\boxed{ウエ}^\circ$ である。また，直線 AB と平面 CFKG のなす角は $\boxed{オカ}^\circ$ である。

(2) この多面体の頂点の数を v，辺の数を e，面の数を f とすると

$$v=\boxed{キク}, \quad e=\boxed{ケコ}, \quad f=\boxed{サシ}$$

であるから，$v-e+f=\boxed{ス}$ である。

(3) この多面体の表面積は $\boxed{セソ}+\boxed{タ}\sqrt{\boxed{チ}}$，体積は $\dfrac{\boxed{ツテ}}{\boxed{ト}}$ である。

また，線分 AG の長さは $\sqrt{\boxed{ナ}}$ であり，線分 AK の長さは $\boxed{ニ}\sqrt{\boxed{ヌ}}$ である。

三角比の表

角	正弦（sin）	余弦（cos）	正接（tan）	角	正弦（sin）	余弦（cos）	正接（tan）
0°	0.0000	1.0000	0.0000	45°	0.7071	0.7071	1.0000
1°	0.0175	0.9998	0.0175	46°	0.7193	0.6947	1.0355
2°	0.0349	0.9994	0.0349	47°	0.7314	0.6820	1.0724
3°	0.0523	0.9986	0.0524	48°	0.7431	0.6691	1.1106
4°	0.0698	0.9976	0.0699	49°	0.7547	0.6561	1.1504
5°	0.0872	0.9962	0.0875	50°	0.7660	0.6428	1.1918
6°	0.1045	0.9945	0.1051	51°	0.7771	0.6293	1.2349
7°	0.1219	0.9925	0.1228	52°	0.7880	0.6157	1.2799
8°	0.1392	0.9903	0.1405	53°	0.7986	0.6018	1.3270
9°	0.1564	0.9877	0.1584	54°	0.8090	0.5878	1.3764
10°	0.1736	0.9848	0.1763	55°	0.8192	0.5736	1.4281
11°	0.1908	0.9816	0.1944	56°	0.8290	0.5592	1.4826
12°	0.2079	0.9781	0.2126	57°	0.8387	0.5446	1.5399
13°	0.2250	0.9744	0.2309	58°	0.8480	0.5299	1.6003
14°	0.2419	0.9703	0.2493	59°	0.8572	0.5150	1.6643
15°	0.2588	0.9659	0.2679	60°	0.8660	0.5000	1.7321
16°	0.2756	0.9613	0.2867	61°	0.8746	0.4848	1.8040
17°	0.2924	0.9563	0.3057	62°	0.8829	0.4695	1.8807
18°	0.3090	0.9511	0.3249	63°	0.8910	0.4540	1.9626
19°	0.3256	0.9455	0.3443	64°	0.8988	0.4384	2.0503
20°	0.3420	0.9397	0.3640	65°	0.9063	0.4226	2.1445
21°	0.3584	0.9336	0.3839	66°	0.9135	0.4067	2.2460
22°	0.3746	0.9272	0.4040	67°	0.9205	0.3907	2.3559
23°	0.3907	0.9205	0.4245	68°	0.9272	0.3746	2.4751
24°	0.4067	0.9135	0.4452	69°	0.9336	0.3584	2.6051
25°	0.4226	0.9063	0.4663	70°	0.9397	0.3420	2.7475
26°	0.4384	0.8988	0.4877	71°	0.9455	0.3256	2.9042
27°	0.4540	0.8910	0.5095	72°	0.9511	0.3090	3.0777
28°	0.4695	0.8829	0.5317	73°	0.9563	0.2924	3.2709
29°	0.4848	0.8746	0.5543	74°	0.9613	0.2756	3.4874
30°	0.5000	0.8660	0.5774	75°	0.9659	0.2588	3.7321
31°	0.5150	0.8572	0.6009	76°	0.9703	0.2419	4.0108
32°	0.5299	0.8480	0.6249	77°	0.9744	0.2250	4.3315
33°	0.5446	0.8387	0.6494	78°	0.9781	0.2079	4.7046
34°	0.5592	0.8290	0.6745	79°	0.9816	0.1908	5.1446
35°	0.5736	0.8192	0.7002	80°	0.9848	0.1736	5.6713
36°	0.5878	0.8090	0.7265	81°	0.9877	0.1564	6.3138
37°	0.6018	0.7986	0.7536	82°	0.9903	0.1392	7.1154
38°	0.6157	0.7880	0.7813	83°	0.9925	0.1219	8.1443
39°	0.6293	0.7771	0.8098	84°	0.9945	0.1045	9.5144
40°	0.6428	0.7660	0.8391	85°	0.9962	0.0872	11.4301
41°	0.6561	0.7547	0.8693	86°	0.9976	0.0698	14.3007
42°	0.6691	0.7431	0.9004	87°	0.9986	0.0523	19.0811
43°	0.6820	0.7314	0.9325	88°	0.9994	0.0349	28.6363
44°	0.6947	0.7193	0.9657	89°	0.9998	0.0175	57.2900
45°	0.7071	0.7071	1.0000	90°	1.0000	0.0000	—

— *MEMO* —

— *MEMO* —

— *MEMO* —

— *MEMO* —

— *MEMO* —

改③ 20250105

駿台受験シリーズ

短期攻略

大学入学 **共通テスト**

$y = ax^2$

数学Ⅰ・A

改訂版

実戦編

夏 明夫・吉川浩之　共著

駿台文庫
SUNDAIBUNKO

は じ め に

　本書は，共通テスト数学Ⅰ・Aを完全攻略するための問題集で，単元別に 58 題の問題を収録しました。

　共通テストは大変重要な関門です。国公立大受験生にとっては共通テストで多少失敗しても二次試験で挽回することはまったく不可能というわけではありません。その場合，いわゆる「二次力」で勝負ということになります。しかし，特に難易度の高い大学で，二次試験で挽回できるほどの点をとるのは至極困難です。また，私立大学では，共通テストである程度点がとれれば合格を確保できるところも多くあります。時代は，共通テストの成否が合否を決めるようになってきているのです。

　また，共通テストには，次のように通常の記述試験とは異なる特徴があります。

　　① 　マークセンス方式で解答する
　　② 　解答する分量に対して試験時間がきわめて短い
　　③ 　誘導形式の設問が多い
　　④ 　教育課程を遵守している

　したがって，共通テストで正解するためには，共通テスト専用の「質と量」を兼ね備えたトレーニングが非常に重要です。本書に収録した問題は，入試を熟知した駿台予備学校講師が共通テストを徹底的に分析し作成した問題ですので，非常に効率よく対策ができます。

　なお，本書は問題集としての性格を際立たせていますので，「まずは参考書形式で始めてみたい」という皆さんには姉妹編の『基礎編』をお薦めします。詳しくは次の利用法を読んでみてください。

　末尾となりますが，本書の発行にあたりましては駿台文庫の加藤達也氏，林拓実氏に大変お世話になりました。紙面をお借りして御礼申し上げます。

榎　　明夫

吉川浩之

本書のねらいと特長・利用法

本書のねらい

1　1か月間で共通テスト数学Ⅰ・Aを完全攻略

　　1日2題のペースなら，約1か月間で共通テスト数学Ⅰ・Aを総仕上げできます。

2　問題を解くスピードを身につける

　　共通テストでは，問題を解く速さが特に重要です。本書では，各問題ごとに**目標解答時間を10分・12分・15分の3通りに設定**し表示しました。

3　数学の実力をつける

　　共通テストは，マーク形式とはいっても数学の問題です。実力がなければ問題を解くことはできません。そのために，**ていねいな解説をつけること**によって，**理解力・応用力がアップし，二次試験対策**としても利用できます。

特長・利用法

1　3段階の難易度表示／難易度順の問題

　　共通テストの目的の一つは基礎学力到達度を計ることであり，本書では，**共通テストが目標とする正答率を6割として，これを基準にレベル設定を**しました。また，学習効果を考えて，各単元ごとにおおむねやや易しい問題からやや難しい問題の順に配列し，難易度は問題番号の左に★の個数で次のように表示しました。

　　　　　　★ ………… やや易しいレベル

　　　　　　★★ ……… 標準レベル

　　　　　　★★★ …… やや難しいレベル

2　自己採点ができる

　　各大問は20点満点とし，解答に配点を表示しました。

　　まずは，**★★の問題で確実に6割を得点**できるよう頑張ってください。

3　姉妹編として，参考書形式の『基礎編』を用意しました

　　「問題集をいきなりやるのはちょっと抵抗がある」皆さんに参考書形式の『基礎編』を姉妹編として用意しました。『基礎編』は，2STAGE＋総合演習問題で各単元の基礎力養成から共通テストレベルまでの学習ができるようになっています。『実戦編』と『基礎編』は同じ章立てになっていますから，問題を解く際に必要な考え方・公式・定理などは，『基礎編』を参考にするとよいでしょう。

目　　次

別冊　問題編の目次

解　答

各大問は 20 点満点。

★印は問題の難易度を表します。

★………やや易
★★……標準
★★★…やや難

まずは，★★の問題で確実に6割（12点）を得点できるよう頑張って下さい。

*1

解答記号（配点）		正　解	
アイ	(3)	-3	
ウ	(3)	2	
エオ	(4)	48	
カ , キ , クケ	(3)	3, 5, 12	
コ , サ , シ	(3)	3, 3, 4	
ス , セ , ソ , タ	(4)	①, ④, ⑤, ⑥ （解答の順序は問わない）	
計			点

*2

解答記号（配点）		正　解	
ア	(2)	8	
イ	(2)	3	
ウエオ	(2)	-19	
カ	(2)	3	
キ	(2)	1	
$\dfrac{クケ}{コ}$	(2)	$\dfrac{-1}{3}$	
サシ	(2)	-9	
$\dfrac{ス+\sqrt{セ}}{ソ}$	(2)	$\dfrac{1+\sqrt{5}}{2}$	
タ	(2)	1	
チ	(2)	3	
計			点

*3

解答記号（配点）		正　解	
ア $-$ イ $\sqrt{ウ}$	(3)	$4-2\sqrt{3}$	
エ $+$ オ $\sqrt{カ}$	(3)	$4+2\sqrt{3}$	
キ	(2)	8	
ク	(3)	4	
ケコ	(3)	14	
サシ	(3)	13	
$\dfrac{スセソ+タ\sqrt{チ}}{ツ}$	(3)	$\dfrac{-13+8\sqrt{3}}{3}$	
計			点

**4

解答記号（配点）		正　解	
$\dfrac{\boxed{ア}}{\boxed{イ}}$	(3)	$\dfrac{3}{2}$	
$\dfrac{\boxed{ウ}}{\boxed{エ}}$	(3)	$\dfrac{4}{5}$	
$\dfrac{\boxed{オ}+\sqrt{13}}{\boxed{カ}}$	(3)	$\dfrac{1+\sqrt{13}}{3}$	
$-\dfrac{\boxed{キ}+\sqrt{13}}{\boxed{ク}}$	(3)	$-\dfrac{1+\sqrt{13}}{6}$	
$\boxed{ケ}$	(4)	⑥	
$\boxed{コ}$, $\boxed{サ}$, $\boxed{シ}$	(2)	⓪, ②, ③ （解答の順序は問わない）	
$\boxed{ス}$	(2)	①	
計			点

**5

解答記号（配点）		正　解	
$\boxed{ア}\,a-\boxed{イ}$	(3)	$3a-5$	
$\dfrac{\boxed{ウ}}{\boxed{エ}}\,a+\boxed{オ}$	(3)	$\dfrac{1}{2}a+1$	
$\boxed{カ}$	(2)	2	
$\dfrac{\boxed{キク}}{\boxed{ケ}}$	(2)	$\dfrac{-7}{3}$	
$\dfrac{\boxed{コサ}}{\boxed{シ}}$	(2)	$\dfrac{10}{7}$	
$\boxed{ス}$	(3)	2	
$\dfrac{\boxed{セソ}}{\boxed{タ}}$	(3)	$\dfrac{14}{5}$	
$\boxed{チ}$	(2)	3	
計			点

**6

解答記号（配点）		正　解	
$\boxed{ア}$	(3)	3	
$\dfrac{\boxed{イウ}}{\boxed{エ}}$	(3)	$\dfrac{-1}{3}$	
$\boxed{オカ}$	(3)	-8	
$\boxed{キ}$	(3)	0	
$\boxed{ク}$	(4)	5	
$\boxed{ケコ}$	(4)	-4	
計			点

***7

解答記号（配点）		正　解	
$\boxed{ア}$, $\boxed{イ}$, $\boxed{ウ}$	(1)	1, 2, 3	
$-\boxed{エ}$	(1)	-1	
$\boxed{オカ}\,a+\boxed{キ}$	(2)	$-3a+2$	
$\dfrac{\boxed{ク}}{\boxed{ケ}}$	(1)	$\dfrac{3}{2}$	
$\boxed{コ}\,a+\boxed{サ}$	(2)	$-a+4$	
$\boxed{シ}\,a-\boxed{ス}$	(2)	$3a-2$	
$\dfrac{\boxed{セ}}{\boxed{ソ}}$	(1)	$\dfrac{3}{2}$	
$\dfrac{\boxed{タ}}{\boxed{チ}}$	(2)	$\dfrac{5}{2}$	
$\dfrac{\boxed{ツテ}}{\boxed{ト}}$	(2)	$\dfrac{-8}{3}$	
$\boxed{ナ}$	(2)	4	
$\boxed{ニ}$	(2)	6	
$\boxed{ヌ}$, $\boxed{ネ}$, $\boxed{ノ}$, $\boxed{ハ}$	(2)	4, ⓪, ①, 5	
計			点

8 解 答

***8

解答記号（配点）		正 解	
$\boxed{ア}\,a+\boxed{イ}$	(1)	$4a+2$	
$\boxed{ウ}\,a-\boxed{エ}$	(1)	$3a-9$	
$\boxed{オカ}\,a-\boxed{キク}$	(2)	$10a-16$	
$\boxed{ケコ}\,a+\boxed{サシ}$	(2)	$-2a+20$	
$\boxed{スセ}$	(2)	10	
$\pm\sqrt{\boxed{ソタ}}$	(2)	$\pm\sqrt{21}$	
$\sqrt{\boxed{チ}}-\sqrt{\boxed{ツ}}$	(2)	$\sqrt{6}-\sqrt{3}$	
$\dfrac{\boxed{テ}}{\boxed{ト}}$	(2)	$\dfrac{8}{5}$	
$\boxed{ナニ}$	(2)	10	
$\boxed{ヌ}$	(2)	3	
$\boxed{ネノ}$	(2)	10	
計			点

*9

解答記号 （配点）		正 解	
$\boxed{ア}$	(1)	①	
$\boxed{イ}$	(1)	⑤	
$\boxed{ウ}$	(1)	⑤	
$\boxed{エ}$	(1)	⑥	
$\boxed{オ}$	(2)	④	
$\boxed{カ}$	(2)	4	
$\boxed{キク}$	(2)	90	
$\boxed{ケコ}$	(2)	99	
$\boxed{サシ}$	(2)	84	
$\boxed{ス}$	(2)	①	
$\boxed{セ}$	(2)	②	
$\boxed{ソ}$	(2)	⓪	
計			点

*10

解答記号 （配点）		正 解	
$\boxed{ア}$	(4)	⓪	
$\boxed{イ}$	(4)	①	
$\boxed{ウ}$	(4)	①	
$\boxed{エ}$	(2)	④	
$\boxed{オ}$	(2)	③	
$\boxed{カ}$	(2)	⑦	
$\boxed{キ}$	(2)	⑤	
計			点

**11

解答記号 （配点）		正 解	
$\boxed{アイ}<x<\boxed{ウ}$	(3)	$-1<x<2$	
$\boxed{エ}$	(3)	0	
$p=\boxed{オ}$, $q=\boxed{カ}$	(3)	$p=1$, $q=3$	
$\boxed{キ}$	(3)	②	
$\boxed{クケコ}$	(4)	-12	
$\boxed{サ}$	(4)	3	
計			点

**12

解答記号 （配点）		正　解	
ア ， イ ， ウ ， エ	(4)	①，⑤，⑥，⑧ (解答の順序は問わない)	
オカ	(4)	27	
キ	(4)	1	
ク ， ケ	(4)	③，⑤ (解答の順序は問わない)	
コ	(4)	①	
計			点

**13

解答記号 （配点）		正　解	
ア	(2)	③	
イ	(2)	②	
ウ	(2)	⓪	
$\dfrac{エ}{オ}$ ， $\dfrac{カ}{キ}$	(8)	$\dfrac{6}{5}$ ， $\dfrac{7}{5}$	
ク	(2)	②	
ケ ， コ	(4)	③，⑤ (解答の順序は問わない)	
計			点

**14

解答記号 （配点）		正　解	
ア	(2)	③	
イ	(3)	⑦	
ウ	(3)	⑥	
エ	(3)	③	
オ	(3)	①	
カ	(3)	③	
キ	(3)	⓪	
計			点

***15

解答記号 （配点）		正　解	
ア	(3)	②	
イ	(3)	⓪	
ウ	(3)	①	
エ	(3)	③	
オ	(4)	③	
カ	(4)	④	
計			点

***16

解答記号 （配点）		正　解	
ア	(2)	②	
イ	(4)	⓪	
ウ	(4)	①	
エ	(4)	②	
オ	(3)	⓪	
カ	(3)	④	
計			点

10　解　答

*17

解答記号　（配点）		正　解	
$\boxed{アイ}\,a+\boxed{ウ}$	(2)	$-6a+4$	
$\boxed{エ}\,a-\boxed{オ}$	(2)	$5a-7$	
$\boxed{カ}-\dfrac{\boxed{キ}}{a}$	(3)	$3-\dfrac{2}{a}$	
$\boxed{クケ}\,a+\boxed{コ}-\dfrac{\boxed{サ}}{a}$	(3)	$-4a+5-\dfrac{4}{a}$	
$-\dfrac{\boxed{シ}}{\boxed{ス}}\,a+\boxed{セ}$	(5)	$-\dfrac{5}{4a}+1$	
$\dfrac{\boxed{ソ}}{\boxed{タ}}$	(3)	$\dfrac{5}{8}$	
$\dfrac{\sqrt{\boxed{チツ}}}{\boxed{テ}}$	(2)	$\dfrac{\sqrt{39}}{2}$	
計			点

*18

解答記号　（配点）		正　解	
$\boxed{アイ}\,a-\boxed{ウ}$	(2)	$-2a-3$	
$\boxed{エオ}\,a^2-\boxed{カ}\,a-\boxed{キ}$	(3)	$-4a^2-9a-5$	
$a<\dfrac{\boxed{クケ}}{\boxed{コ}},\ \boxed{サシ}<a$	(3)	$a<\dfrac{-5}{4},\ -1<a$	
$a<\boxed{スセ},\ \dfrac{\boxed{ソ}}{\boxed{タ}}<a$	(3)	$a<-3,\ \dfrac{3}{4}<a$	
$\boxed{チツ},\ \dfrac{\boxed{テト}}{\boxed{ナ}}$	(3)	$-2,\ \dfrac{-1}{4}$	
$\boxed{ニ}$	(3)	3	
$\boxed{ヌ}\,x^2-\boxed{ネノ}\,x$	(3)	$-x^2-14x$	
計			点

**19

解答記号　（配点）		正　解	
$\dfrac{\boxed{ア}}{\boxed{イ}}$	(2)	$\dfrac{1}{2}$	
$\dfrac{\boxed{ウ}}{\boxed{エ}}$	(2)	$\dfrac{3}{4}$	
$\boxed{オ},\ \boxed{カ}$	(3)	③，⑤ (解答の順序は問わない)	
$\dfrac{\boxed{キク}}{\boxed{ケ}}$	(2)	$\dfrac{-2}{3}$	
$\boxed{コ}$	(2)	2	
$\boxed{サ}$	(2)	1	
$\boxed{シ}-\sqrt{\boxed{ス}}$	(2)	$1-\sqrt{3}$	
$\boxed{セ}$	(2)	2	
$\boxed{ソ}\,a+\boxed{タ}$	(3)	$-a+1$	
計			点

**20

解答記号　（配点）		正　解	
$a-\boxed{ア}$	(2)	$a-1$	
$\boxed{イ}\,a^2+\boxed{ウ}$	(3)	$-a^2+8$	
$\boxed{エ}$	(2)	4	
$(\boxed{オカ},\ \boxed{キ})$	(3)	$(-1,\ 8)$	
$\boxed{ク}\,a-\boxed{ケ}$	(2)	$2a-1$	
$\boxed{コ}\sqrt{\boxed{サ}}$	(3)	$2\sqrt{2}$	
$\dfrac{\boxed{シス}}{\boxed{セ}}$	(5)	$\dfrac{17}{6}$	
計			点

★★21

解答記号　（配点）		正　解	
$a+$ ア	(2)	$a+6$	
イ a^2- ウ $a+$ エ	(2)	$-a^2-2a+8$	
オカ	(2)	-6	
キク $a+$ ケコ	(2)	$10a+44$	
サ	(2)	0	
シ a^2- ス $a+$ セ	(2)	$-a^2-2a+8$	
ソタ $a+$ チ	(2)	$-2a+8$	
ツテ	(2)	-1	
ト	(2)	9	
ナニ $<a<$ ヌ	(2)	$-4<a<4$	
計			点

★★22

解答記号　（配点）		正　解	
ア	(3)	⑥	
イ	(3)	①	
ウ	(4)	①	
エ	(5)	⑦	
オ	(5)	⓪	
計			点

★★23

解答記号　（配点）		正　解	
ア	(2)	⑤	
イ	(2)	①	
ウ	(2)	⑦	
エ	(2)	③	
オ	(2)	②	
$\dfrac{1}{カキク}$	(2)	$\dfrac{1}{160}$	
$\dfrac{ケ}{コサ}$	(2)	$\dfrac{3}{10}$	
シス	(2)	64	
セ	(4)	②	
計			点

★★★24

解答記号　（配点）		正　解	
ア a^2+ イ $a-$ ウ	(2)	$6a^2+2a-2$	
エオ	(2)	-1	
$\dfrac{カ}{キ}$	(2)	$\dfrac{1}{2}$	
$\dfrac{\sqrt{クケ}-コ}{サ}$	(3)	$\dfrac{\sqrt{13}-1}{6}$	
$\dfrac{シ}{ス}$	(2)	$\dfrac{1}{2}$	
$\pm\dfrac{セ\sqrt{ソ}}{タ}$	(3)	$\pm\dfrac{3\sqrt{2}}{4}$	
チツ	(3)	-1	
テ	(3)	0	
計			点

解
答

★25

解答記号 （配点）		正 解	
$\dfrac{\boxed{アイ}\sqrt{\boxed{ウ}}}{\boxed{エ}}$	(2)	$\dfrac{-2\sqrt{7}}{7}$	
$\boxed{オ}\sqrt{\boxed{カ}}$	(3)	$2\sqrt{3}$	
$\sqrt{\boxed{キ}}$	(3)	$\sqrt{7}$	
$\boxed{クケ}°$	(3)	$30°$	
$\dfrac{\boxed{コ}\sqrt{\boxed{サ}}}{\boxed{シ}}$	(3)	$\dfrac{3\sqrt{3}}{2}$	
$\dfrac{\boxed{ス}}{\boxed{セ}}$	(3)	$\dfrac{9}{2}$	
$\boxed{ソ}$	(3)	②	
計			点

★26

解答記号 （配点）		正 解	
$\sqrt{\boxed{ア}}$	(2)	$\sqrt{3}$	
$\dfrac{\boxed{イ}\sqrt{\boxed{ウ}}-\sqrt{\boxed{エ}}}{\boxed{オ}}$	(3)	$\dfrac{2\sqrt{3}-\sqrt{6}}{6}$	
$\dfrac{\sqrt{\boxed{カ}}}{\boxed{キ}}$	(2)	$\dfrac{\sqrt{6}}{3}$	
$\dfrac{\boxed{ク}}{\boxed{ケ}}$	(3)	$\dfrac{3}{2}$	
$\boxed{コ},\ \boxed{サ}$	(3)	1, 3	
$\boxed{シ}\sqrt{\boxed{ス}}+\boxed{セ}$	(3)	$2\sqrt{2}+1$	
$\boxed{ソ},\ \boxed{タ}\sqrt{\boxed{チ}},$ $\sqrt{\boxed{ツ}},\ \boxed{テ},\ \boxed{ト}$	(4)	2, $2\sqrt{6}$, $\sqrt{3}$, 3, ⓪	
計			点

★★27

解答記号 （配点）		正 解	
$\boxed{ア}\sqrt{\boxed{イ}}$	(2)	$2\sqrt{3}$	
$\dfrac{\boxed{ウ}\sqrt{\boxed{エ}}+\boxed{オ}}{\boxed{カ}}$	(3)	$\dfrac{3\sqrt{5}+3}{2}$	
$\boxed{キクケ}°$	(2)	$120°$	
$\boxed{コ}$	(2)	4	
$\boxed{サ}\sqrt{\boxed{シ}}$	(3)	$9\sqrt{3}$	
$\boxed{ス}$	(2)	2	
$\boxed{セ}\sqrt{\boxed{ソ}}$	(3)	$6\sqrt{3}$	
$\boxed{タ}$	(3)	6	
計			点

★★28

解答記号 （配点）		正 解	
$\dfrac{\boxed{ア}\sqrt{\boxed{イ}}}{\boxed{ウエ}}$	(3)	$\dfrac{3\sqrt{5}}{10}$	
$\dfrac{\sqrt{\boxed{オカ}}}{\boxed{キク}}$	(2)	$\dfrac{\sqrt{55}}{10}$	
$\dfrac{\boxed{ケ}\sqrt{\boxed{コサ}}}{\boxed{シス}}$	(3)	$\dfrac{3\sqrt{55}}{11}$	
$\boxed{セ},\ \boxed{ソ}$	(3)	⓪, ② (解答の順序は問わない)	
$\dfrac{\boxed{タチ}}{\boxed{ツ}}$	(2)	$\dfrac{-5}{6}$	
$\dfrac{\sqrt{\boxed{テトナ}}}{\boxed{ニヌ}}$	(3)	$\dfrac{\sqrt{165}}{11}$	
$\dfrac{\boxed{ネノ}\sqrt{\boxed{ハヒ}}}{\boxed{フヘ}}$	(4)	$\dfrac{49\sqrt{11}}{44}$	
計			点

**29

解答記号　（配点）		正　解	
$\boxed{ア}\sqrt{\boxed{イ}}$	(3)	$2\sqrt{3}$	
$\dfrac{\boxed{ウ}\sqrt{\boxed{エ}}}{\boxed{オ}}$	(3)	$\dfrac{2\sqrt{3}}{3}$	
$\dfrac{\sqrt{\boxed{カ}}}{\boxed{キ}}$	(3)	$\dfrac{\sqrt{6}}{3}$	
$\dfrac{\boxed{ク}\sqrt{\boxed{ケ}}}{\boxed{コ}}$	(3)	$\dfrac{3\sqrt{2}}{2}$	
$\dfrac{\boxed{サ}\sqrt{\boxed{シス}}}{\boxed{セ}}$	(3)	$\dfrac{2\sqrt{51}}{3}$	
$\boxed{ソ}\sqrt{\boxed{タ}}$	(5)	$2\sqrt{2}$	
計		点	

**30

解答記号　（配点）		正　解	
$\boxed{ア}$	(2)	④	
$\boxed{イ}$	(2)	⑨	
$\boxed{ウ}$	(2)	⑦	
$\boxed{エ}$	(3)	④	
$\boxed{オ}$	(2)	⑤	
$\boxed{カ}$	(2)	③	
$\boxed{キ}$	(3)	⑥	
$\boxed{ク}$	(2)	①	
$\boxed{ケ}$	(2)	⑧	
計		点	

**31

解答記号　（配点）		正　解	
$\dfrac{\sqrt{\boxed{ア}}}{\boxed{イ}}$	(2)	$\dfrac{\sqrt{5}}{5}$	
$\dfrac{\boxed{ウ}}{\boxed{エ}}$	(2)	$\dfrac{4}{5}$	
$\boxed{オカ}$	(2)	11	
$\boxed{キ}$	(1)	②	
$\boxed{ク}\sqrt{\boxed{ケ}}$	(2)	$3\sqrt{5}$	
$\boxed{コサ}$	(2)	10	
$\dfrac{\boxed{シ}}{\boxed{ス}}$	(2)	$\dfrac{6}{5}$	
$\boxed{セ}-\sqrt{\boxed{ソ}}$	(2)	$4-\sqrt{5}$	
$\boxed{タ}$	(1)	②	
$\boxed{チ}\sqrt{\boxed{ツ}}-\boxed{テ}$	(2)	$2\sqrt{5}-3$	
$\dfrac{\boxed{ト}+\sqrt{\boxed{ナ}}}{\boxed{ニ}}$	(2)	$\dfrac{2+\sqrt{5}}{2}$	
計		点	

***32

解答記号　（配点）		正　解	
$\dfrac{\boxed{ア}}{\boxed{イ}}$	(2)	$\dfrac{2}{3}$	
$\dfrac{\sqrt{\boxed{ウ}}}{\boxed{エ}}$	(2)	$\dfrac{\sqrt{5}}{3}$	
$\dfrac{\boxed{オ}\sqrt{\boxed{カキ}}}{\boxed{クケ}}$	(3)	$\dfrac{3\sqrt{30}}{10}$	
$\dfrac{\boxed{コ}\sqrt{\boxed{サ}}}{\boxed{シ}}$	(3)	$\dfrac{2\sqrt{5}}{5}$	
$\boxed{ス}$	(3)	1	
$\dfrac{\boxed{セ}\sqrt{\boxed{ソ}}}{\boxed{タ}}$	(3)	$\dfrac{2\sqrt{6}}{9}$	
$\dfrac{\boxed{チ}}{\boxed{ツ}}$	(3)	$\dfrac{4}{3}$	
$\boxed{テ}$	(1)	③	
計			点

***33

解答記号　（配点）		正　解	
$\boxed{ア}$	(2)	3	
$\dfrac{\boxed{イ}\sqrt{\boxed{ウ}}}{\boxed{エ}}$	(2)	$\dfrac{3\sqrt{3}}{2}$	
$\dfrac{\boxed{オ}}{\boxed{カ}}$	(2)	$\dfrac{6}{5}$	
$\dfrac{\boxed{キ}\sqrt{\boxed{クケ}}}{\boxed{コ}}$	(2)	$\dfrac{2\sqrt{19}}{5}$	
$\sqrt{\boxed{サ}}$	(1)	$\sqrt{3}$	
$\sqrt{\boxed{シ}}$	(2)	$\sqrt{7}$	
$\boxed{ス}$	(1)	①	
$\dfrac{\boxed{セ}}{\boxed{ソタ}}$	(3)	$\dfrac{9}{10}$	
$\sqrt{\boxed{チツ}}$	(1)	$\sqrt{10}$	
$\dfrac{\boxed{テ}\sqrt{\boxed{トナ}}}{\boxed{ニ}}$	(2)	$\dfrac{3\sqrt{15}}{4}$	
$\dfrac{\boxed{ヌ}\sqrt{\boxed{ネノ}}}{\boxed{ハヒ}}$	(2)	$\dfrac{6\sqrt{15}}{25}$	
計			点

*34

解答記号　（配点）		正　解	
$\boxed{ア}$	(3)	②	
0. $\boxed{イウ}$	(2)	0.10	
0. $\boxed{エオ}$	(2)	0.20	
$\boxed{カ}$	(3)	②	
$\boxed{キ}$	(3)	④	
$\boxed{ク}$, $\boxed{ケ}$, $\boxed{コ}$	(4)	①, ④, ⑤ (解答の順序は問わない)	
$\boxed{サ}$	(3)	⓪	
計			点

*35

解答記号　（配点）		正　解	
ア ， イ	(2)	③ ， ⑤ （解答の順序は問わない）	
ウ ， エ	(1)	⓪ ， ② （解答の順序は問わない）	
オ	(1)	①	
カ	(2)	①	
キ	(2)	②	
ク ， ケ	(3)	⓪ ， ② （解答の順序は問わない）	
コ	(3)	①	
サシ	(2)	37	
スセ	(2)	21	
ソタ ． チ	(1)	12.0	
ツ	(1)	4	
計			点

**36

解答記号　（配点）		正　解	
ア ． イ	(2)	2.0	
ウ ． エ	(2)	2.5	
オカ ． キ	(2)	−7.5	
クケ ． コ	(2)	11.0	
サ	(1)	①	
シ	(1)	④	
ス	(1)	⑥	
セ ． ソ	(3)	0.5	
タ	(1)	①	
チ	(1)	①	
ツ	(1)	⓪	
テ	(1)	⓪	
ト	(2)	③	
計			点

**37

解答記号　（配点）		正　解	
アイ ． ウ	(2)	21.0	
エオ ． カ	(2)	17.0	
キク ． ケ	(2)	25.0	
コ ． サ	(1)	8.0	
シ	(1)	5	
ス	(2)	①	
セ ． ソ	(2)	6.0	
タチ ． ツ	(2)	16.0	
テ ． ト	(1)	4.0	
ナ ， ニヌ	(1)	1， 13	
ネノ	(2)	29	
ハヒ	(2)	24	
計			点

**38

解答記号 （配点）		正 解	
ア ， イ	(3)	③ ， ⑤ （解答の順序は問わない）	
ウ	(3)	⓪	
エ	(3)	⑤	
オ ． カキ	(3)	0.86	
ク	(2)	⑤	
ケ	(2)	③	
コ	(2)	①	
サ	(2)	⑧	
計			点

**39

解答記号 （配点）		正 解	
ア	(1)	②	
イ	(1)	③	
ウ	(1)	②	
エ	(1)	②	
オ	(1)	①	
カ	(1)	⓪	
キ	(1)	①	
ク	(1)	⓪	
ケ	(1)	③	
コサ ． シ	(3)	60.7	
ス	(1)	①	
セソタチ ． ツ	(2)	4240.0	
テトナニ ． ヌ	(2)	4292.0	
ネノハ ． ヒ	(3)	172.9	
計			点

***40

解答記号 （配点）		正 解	
アイ ． ウ	(2)	48.4	
エオ ． カ	(1)	49.0	
キク ． ケ	(1)	49.5	
コサシ	(2)	108	
スセ	(2)	55	
ソタ	(2)	53	
チ	(1)	②	
ツ	(1)	①	
テトナ	(2)	330	
ニ ． ヌ	(2)	5.0	
ネノ	(1)	15	
ハヒ	(1)	18	
フ	(2)	②	
計			点

***41

解答記号 （配点）		正 解	
アイ	(1)	63	
ウエ ． オ	(2)	60.0	
カキ ． ク	(2)	69.0	
ケ ． コ	(2)	4.5	
サ	(2)	7	
シス	(2)	58	
セソ ． タ	(2)	58.0	
チ ． ツテ	(3)	0.23	
ト	(1)	③	
ナ	(1)	⓪	
ニ	(1)	①	
ヌ	(1)	②	
計			点

*42

解答記号　（配点）		正　解	
ア . イ	(3)	5.8	
ウ	(3)	①	
エ	(3)	①	
オ	(2)	7	
0. カキク	(3)	0.028	
ケ	(3)	①	
コ	(3)	②	
計			点

*43

解答記号　（配点）		正　解	
$\dfrac{ア}{イ}$	(2)	$\dfrac{1}{2}$	
$\dfrac{ウ}{エ}$	(2)	$\dfrac{5}{6}$	
$\dfrac{オ}{カ}$	(2)	$\dfrac{3}{5}$	
キ	(2)	③	
ク	(2)	⑥	
ケ	(2)	⑦	
コ	(2)	②	
サ	(2)	③	
シ	(2)	①	
ス	(2)	①	
計			点

**44

解答記号　（配点）		正　解	
ア	(2)	⓪	
イ	(2)	⓪	
ウ	(2)	②	
エ	(2)	②	
オ	(2)	⓪	
$\dfrac{カ}{キク}$	(2)	$\dfrac{4}{27}$	
$\dfrac{ケコ}{サシ}$	(2)	$\dfrac{13}{27}$	
$\dfrac{スセ}{ソタ}$	(3)	$\dfrac{28}{27}$	
$\dfrac{チ}{ツテ}$	(3)	$\dfrac{5}{27}$	
計			点

**45

解答記号　（配点）		正　解	
$\dfrac{ア}{イウ}$	(2)	$\dfrac{1}{27}$	
$\dfrac{エ}{オカ}$	(2)	$\dfrac{2}{45}$	
$\dfrac{キ}{クケ}$	(2)	$\dfrac{1}{30}$	
$\dfrac{コサ}{シスセ}$	(5)	$\dfrac{37}{450}$	
$\dfrac{ソ}{タチ}$	(4)	$\dfrac{8}{15}$	
$\dfrac{ツテト}{ナニヌネ}$	(5)	$\dfrac{143}{1800}$	
計			点

解
答

18 解 答

**46

解答記号 （配点）		正 解	
$\dfrac{ア}{イ}$	(2)	$\dfrac{3}{8}$	
$\dfrac{ウエ}{オカキ}$	(2)	$\dfrac{35}{128}$	
$\dfrac{ク}{ケコ}$	(3)	$\dfrac{9}{64}$	
$\dfrac{サシ}{スセ}$	(3)	$\dfrac{15}{64}$	
$\dfrac{ソタ}{チツテ}$	(3)	$\dfrac{63}{128}$	
$\dfrac{ト}{ナ}$	(2)	$\dfrac{3}{8}$	
$\dfrac{ニヌ}{ネノ}$	(3)	$\dfrac{18}{35}$	
$\dfrac{ハヒ}{フヘホ}$	(2)	$\dfrac{83}{128}$	
計			点

**47

解答記号 （配点）		正 解	
アイウ	(2)	220	
エ	(2)	4	
オカ	(2)	12	
$\dfrac{キク}{ケコ}$	(3)	$\dfrac{12}{55}$	
$\dfrac{サ}{シス}$	(3)	$\dfrac{3}{11}$	
$\dfrac{セ}{ソタ}$	(3)	$\dfrac{3}{13}$	
$\dfrac{チ}{ツテ}$	(3)	$\dfrac{1}{13}$	
$\dfrac{トナ}{ニヌ}$	(2)	$\dfrac{69}{55}$	
計			点

**48

解答記号　（配点）		正　解	
ア	(1)	8	
イ	(1)	2	
ウ	(2)	7	
$\dfrac{エ}{オカ}$	(2)	$\dfrac{1}{42}$	
$\dfrac{キ}{クケ}$	(2)	$\dfrac{2}{21}$	
$\dfrac{コ}{サシ}$	(3)	$\dfrac{5}{21}$	
$\dfrac{ス}{セ}$	(3)	$\dfrac{4}{9}$	
$\dfrac{ソ}{タチ}$	(3)	$\dfrac{9}{14}$	
$\dfrac{ツテト}{ナニ}$	(3)	$\dfrac{170}{63}$	
計			点

***49

解答記号　（配点）		正　解	
ア	(1)	8	
イウ	(2)	25	
$\dfrac{エ}{オカ}$	(1)	$\dfrac{1}{14}$	
$\dfrac{キ}{クケ}$	(2)	$\dfrac{9}{14}$	
$\dfrac{コ}{サ}$	(2)	$\dfrac{2}{7}$	
$\dfrac{シス}{ス}$	(1)	$\dfrac{2}{7}$	
$\dfrac{セ}{ソ}$	(3)	$\dfrac{3}{4}$	
$\dfrac{タ}{チ}$	(1)	$\dfrac{1}{2}$	
$\dfrac{ツテ}{トナ}$	(2)	$\dfrac{11}{14}$	
$\dfrac{ニ}{ヌネ}$	(1)	$\dfrac{3}{14}$	
$\dfrac{ノ}{ハ}$	(2)	$\dfrac{2}{7}$	
$\dfrac{ヒ}{フ}$	(2)	$\dfrac{1}{4}$	
計			点

解
答

***50**

解答記号　（配点）		正　解	
$\dfrac{ア}{イ}$	(2)	$\dfrac{1}{6}$	
$\dfrac{ウ}{エ}$	(2)	$\dfrac{2}{9}$	
$\dfrac{オ}{カキ}$	(3)	$\dfrac{1}{18}$	
$\dfrac{クケ}{コサ}$	(3)	$\dfrac{13}{54}$	
$\dfrac{シス}{セソタ}$	(4)	$\dfrac{91}{324}$	
$\dfrac{チ}{ツ}$	(3)	$\dfrac{1}{7}$	
$\boxed{テ}$	(3)	①	
計			点

*51**

解答記号　（配点）		正　解	
$\boxed{ア}$	(2)	⓪	
$\boxed{イ}$	(2)	⑥	
$\boxed{ウ}$	(2)	⑦	
$\boxed{エ}$	(2)	③	
$\boxed{オ}$	(2)	②	
$\boxed{カ}$	(2)	⓪	
$\boxed{キ}$	(2)	⓪	
$\boxed{ク}$	(2)	⓪	
$\boxed{ケ}$	(2)	⑤	
$\dfrac{コ}{サ}$	(2)	$\dfrac{2}{5}$	
計			点

52

解答記号　（配点）		正　解	
$\dfrac{ア}{イウ}$	(2)	$\dfrac{3}{13}$	
$\dfrac{エ}{オカ}$	(2)	$\dfrac{7}{13}$	
$\dfrac{キ}{ク}$	(2)	$\dfrac{5}{4}$	
$\boxed{ケ}$	(1)	③	
$\boxed{コ}$	(1)	⓪	
$\boxed{サ}$	(1)	⑦	
$\dfrac{シス}{セソ}$	(3)	$\dfrac{14}{55}$	
$\dfrac{タ}{チ}$	(2)	$\dfrac{8}{3}$	
$\boxed{ツ}$	(1)	②	
$\dfrac{テ}{ト}$	(2)	$\dfrac{7}{2}$	
$\dfrac{ナ}{ニ}$	(3)	$\dfrac{4}{3}$	
計			点

**53

解答記号　（配点）		正　解	
ア	(1)	6	
イ	(1)	2	
ウ／エ	(3)	$\dfrac{4}{3}$	
オ	(3)	2	
カキ／ク	(3)	$\dfrac{40}{9}$	
ケ	(2)	②	
コ	(3)	6	
√サシ／ス	(4)	$\dfrac{\sqrt{94}}{3}$	
計			点

**54

解答記号　（配点）		正　解	
ア	(1)	③	
イ ， ウ	(4)	⑤, ⑧ (解答の順序は問わない)	
エ	(1)	①	
オカ°	(3)	90°	
キ√ク	(3)	$2\sqrt{6}$	
ケ√コサ／シ	(4)	$\dfrac{4\sqrt{15}}{5}$	
ス√セソ／タ	(4)	$\dfrac{4\sqrt{10}}{5}$	
計			点

**55

解答記号　（配点）		正　解	
アイ	(3)	12	
ウエ	(3)	15	
オ	(3)	6	
カ	(3)	②	
キ√クケ	(3)	$3\sqrt{10}$	
コサ − シ√スセ／ソ	(5)	$\dfrac{11-2\sqrt{10}}{3}$	
計			点

**56

解答記号　（配点）		正　解	
ア	(2)	⑦	
イ	(2)	①	
ウ	(2)	④	
エ	(2)	⑥	
オ	(2)	④	
カ	(2)	③	
キ	(4)	①	
ク	(4)	③	
計			点

**57

解答記号（配点）		正 解	
$\boxed{ア}$, $\boxed{イ}$	(2)	①, ①	
$\boxed{ウ}$, $\boxed{エ}$	(2)	④, ④	
$\boxed{オ}$	(1)	⓪	
$\boxed{カキ}°$	(1)	90°	
$\boxed{クケ}°$	(1)	90°	
$\boxed{コ}\sqrt{\boxed{サ}}$	(3)	$3\sqrt{5}$	
$\dfrac{\boxed{シ}\sqrt{\boxed{ス}}}{\boxed{セ}}$	(3)	$\dfrac{7\sqrt{5}}{3}$	
$\boxed{ソ}$	(2)	7	
$\boxed{タチ}°$	(1)	90°	
$\dfrac{\boxed{ツ}\sqrt{\boxed{テト}}}{\boxed{ナ}}$	(4)	$\dfrac{7\sqrt{14}}{3}$	
計			点

***58

解答記号 （配点）		正 解	
$\boxed{アイ}°$	(2)	60°	
$\boxed{ウエ}°$	(2)	60°	
$\boxed{オカ}°$	(2)	45°	
$\boxed{キク}$	(1)	12	
$\boxed{ケコ}$	(1)	24	
$\boxed{サシ}$	(1)	14	
$\boxed{ス}$	(1)	2	
$\boxed{セソ}+\boxed{タ}\sqrt{\boxed{チ}}$	(3)	$12+4\sqrt{3}$	
$\dfrac{\boxed{ツテ}}{\boxed{ト}}$	(3)	$\dfrac{20}{3}$	
$\sqrt{\boxed{ナ}}$	(2)	$\sqrt{6}$	
$\boxed{ニ}\sqrt{\boxed{ヌ}}$	(2)	$2\sqrt{2}$	
計			点

1

(1)　　　$AB = (3x^2 - xy + 2y^2)(6x^2 + xy - 3y^2)$

　を展開したとき，x^3y の項は

　　　　　$(3x^2)(xy) + (-xy)(6x^2) = 3x^3y - 6x^3y = -3x^3y$

　であるから，係数は　**-3**

　x^2y^2 の項は

　　　　　$(3x^2)(-3y^2) + (-xy)(xy) + (2y^2)(6x^2)$

　　　　$= -9x^2y^2 - x^2y^2 + 12x^2y^2 = 2x^2y^2$

　であるから，係数は　**2**

　$A^2 - B^2 = (A+B)(A-B)$ であり

　　　　$A + B = (3x^2 - xy + 2y^2) + (6x^2 + xy - 3y^2)$

　　　　　　　$= 9x^2 - y^2$

　　　　$A - B = (3x^2 - xy + 2y^2) - (6x^2 + xy - 3y^2)$

　　　　　　　$= -3x^2 - 2xy + 5y^2$

　であるから，$(A+B)(A-B)$ を展開したとき，x^2y^2 の項は

　　　　$(9x^2)(5y^2) + (-y^2)(-3x^2) = 45x^2y^2 + 3x^2y^2$

　　　　　　　　　　　　　　　　　$= 48x^2y^2$

　よって，係数は　**48**

(2)　　　$2B - 3A = 2(6x^2 + xy - 3y^2) - 3(3x^2 - xy + 2y^2)$

　　　　　　　　$= 3x^2 + 5xy - 12y^2 = (x + 3y)(3x - 4y)$

　また

　　　　$B^2 - A^2 = (B+A)(B-A)$

　　　　　　　　$= (9x^2 - y^2)(3x^2 + 2xy - 5y^2)$

　　　　　　　　$= (3x + y)(3x - y)(3x + 5y)(x - y)$

　　　　　　　　（**④**，**⑤**，**⑥**，**①**）

← x^2 の項と xy の項の積。

← x^2 の項と y^2 の項の積と xy の項と xy の項の積の和。

←因数分解して考える。

←(1)の $A^2 - B^2$ を利用する。2 次式はさらに因数分解できる。

2

　　　　$A = (x+2)(x-a) = x^2 - (a-2)x - 2a$

　　　　$B = 3x + b$

から，AB を展開すると

　　　　$AB = 3x^3 - (3a - b - 6)x^2 - (ab + 6a - 2b)x - 2ab$

ゆえに

　　$\begin{cases} -(3a - b - 6) = -2 \\ -2ab = -6 \end{cases}$　　∴　$\begin{cases} 3a - b = 8 & \cdots\cdots① \\ ab = 3 & \cdots\cdots② \end{cases}$

であり，x の係数は

　　　　$-(ab + 6a - 2b) = -ab - 2(3a - b)$

　　　　　　　　　　　　$= -3 - 2 \cdot 8$

　　　　　　　　　　　　$= -19$

← a，b の値を求めなくても x の係数は求められる。

①より $b=3a-8$, ②に代入して

$$a(3a-8)=3$$
$$3a^2-8a-3=0$$
$$(a-3)(3a+1)=0$$
$$\therefore \quad a=3, \quad -\frac{1}{3}$$

よって

$$a=\mathbf{3}, \quad b=\mathbf{1} \quad \text{または} \quad a=-\frac{1}{3}, \quad b=\mathbf{-9}$$

← $b=3a-8$

$a=3$ のとき, $A=-5$ より

$$(x+2)(x-3)=-5$$
$$x^2-x-1=0$$

ゆえに

$$c=\frac{1+\sqrt{5}}{2}, \quad \frac{1}{c}=\frac{2}{1+\sqrt{5}}=\frac{\sqrt{5}-1}{2}$$

であり

$$c-\frac{1}{c}=1$$
$$c^2+\frac{1}{c^2}=\left(c-\frac{1}{c}\right)^2+2\cdot c\cdot\frac{1}{c}=1^2+2=3$$

← c は $x^2-x-1=0$ の解であるから, $c^2-c-1=0$ を満たす。両辺を c で割ると $c-1-\frac{1}{c}=0$ から $c-\frac{1}{c}=1$

3

(1)
$$a=\frac{2}{2+\sqrt{3}}=\frac{2(2-\sqrt{3})}{(2+\sqrt{3})(2-\sqrt{3})}=\frac{2(2-\sqrt{3})}{4-3}$$
$$=2(2-\sqrt{3})=4-2\sqrt{3}$$

← 分母の有理化。

同様にして

$$b=\mathbf{4+2\sqrt{3}}$$

また

$$a+b=(4-2\sqrt{3})+(4+2\sqrt{3})=\mathbf{8}$$
$$ab=(4-2\sqrt{3})(4+2\sqrt{3})=\mathbf{4}$$

であり

$$\frac{b}{a}+\frac{a}{b}=\frac{a^2+b^2}{ab}=\frac{(a+b)^2-2ab}{ab}=\frac{8^2-2\cdot4}{4}=\mathbf{14}$$

← $a+b$, ab で表す。

(2)
$$2(b-a)=2\{(4+2\sqrt{3})-(4-2\sqrt{3})\}=8\sqrt{3}=\sqrt{192}$$

であり

$$13<2(b-a)<14$$

よって, $2(b-a)$ の整数部分 m の値は **13**

また

← $13^2=169$
　$14^2=196$

$$\frac{1}{a}=\frac{2+\sqrt{3}}{2}, \quad b=4+2\sqrt{3}=2(2+\sqrt{3})$$

より

$$\frac{2b}{3a}=\frac{2}{3}\cdot\frac{2+\sqrt{3}}{2}\cdot 2(2+\sqrt{3})=\frac{2}{3}(2+\sqrt{3})^2$$

$$=\frac{2}{3}(7+4\sqrt{3})=\frac{14+8\sqrt{3}}{3}$$

であり，$8\sqrt{3}=2(b-a)$ であるから

$$\frac{14+13}{3}<\frac{14+2(b-a)}{3}<\frac{14+14}{3}$$

← $13<2(b-a)<14$

であり　$9<\dfrac{2b}{3a}<9+\dfrac{1}{3}$

よって，$\dfrac{2b}{3a}$ の整数部分は 9 であり，小数部分 d は

← 実数 a の整数部分を n，小数部分を d ($0\leqq d<1$) とすると　$d=a-n$

$$d=\frac{2b}{3a}-9=\frac{14+8\sqrt{3}}{3}-9=\frac{-13+8\sqrt{3}}{3}$$

4

$$10x^2-23x+12=(2x-3)(5x-4)=0$$

$$\therefore\quad a=\frac{3}{2}, \quad b=\frac{4}{5}$$

← $\begin{array}{ccc}2 & \diagdown & -3 \to -15 \\ 5 & \diagup & -4 \to -8\end{array}$

$|(\sqrt{13}-1)x-1|=3$ から

$$(\sqrt{13}-1)x-1=\pm 3 \quad \therefore\quad x=\frac{1\pm 3}{\sqrt{13}-1}$$

← $|x|=a\ (a>0)$ の解は　$x=\pm a$

よって

$$c=\frac{4}{\sqrt{13}-1}=\frac{4(\sqrt{13}+1)}{12}=\frac{1+\sqrt{13}}{3}$$

$$d=\frac{-2}{\sqrt{13}-1}=-\frac{2(\sqrt{13}+1)}{12}=-\frac{1+\sqrt{13}}{6}$$

(1)　$a>1>b,\ c>1>|d|$ であり

← $3<\sqrt{13}<4$

$$a-c=\frac{3}{2}-\frac{1+\sqrt{13}}{3}=\frac{7-2\sqrt{13}}{6}=\frac{\sqrt{49}-\sqrt{52}}{6}<0$$

← $c>a$

$$b-|d|=\frac{4}{5}-\frac{1+\sqrt{13}}{6}=\frac{19-5\sqrt{13}}{30}$$

← $|d|=-d$

$$=\frac{\sqrt{361}-\sqrt{325}}{30}>0$$

← $b>-d$

であることから

$$|d|<b<a<c \quad (\textbf{⑥})$$

(2)　$a=1.5, \quad \dfrac{1}{a}=0.66\cdots\cdots=0.\dot{6}$

$$b=0.8, \quad \frac{1}{b}=1.25$$

$c, \dfrac{1}{c}$ は無理数であるから，循環しない無限小数である。

よって

有限小数は a, b, $\dfrac{1}{b}$ （**⓪, ②, ③**）

循環小数は $\dfrac{1}{a}$ （**①**）

5

$$2x^2-(7a-8)x+3a^2+a-10=0 \qquad \cdots\cdots①$$
$$2x^2-(7a-8)x+(a+2)(3a-5)=0$$
$$\{x-(3a-5)\}\{2x-(a+2)\}=0$$
$$\therefore \quad x=3a-5, \ \frac{1}{2}a+1$$

$$\leftarrow \begin{matrix} 1 & & 2 & \to & 6 \\ 3 & \times & -5 & \to & -5 \end{matrix}$$

$$\leftarrow \begin{matrix} 1 & & -(3a-5) & \to -6a+10 \\ 2 & \times & -(a+2) & \to -a-2 \end{matrix}$$

①の 2 解の積が 2 になるとき

$$(3a-5)\left(\frac{1}{2}a+1\right)=2$$
$$3a^2+a-14=0$$
$$(a-2)(3a+7)=0 \qquad \therefore \quad a=2, \ -\frac{7}{3}$$

$$\leftarrow \begin{matrix} 1 & & -2 & \to & -6 \\ 3 & \times & 7 & \to & 7 \end{matrix}$$

①の 2 解の和が 1 より大きくなるとき

$$(3a-5)+\left(\frac{1}{2}a+1\right)>1$$
$$\frac{7}{2}a>5 \qquad \therefore \quad a>\frac{10}{7} \qquad \cdots\cdots②$$

①の 2 解の差が 1 より大きくなるとき

$$\left|(3a-5)-\left(\frac{1}{2}a+1\right)\right|>1$$
$$\left|\frac{5}{2}a-6\right|>1$$
$$\frac{5}{2}a-6<-1, \ 1<\frac{5}{2}a-6$$
$$\therefore \quad a<2, \ \frac{14}{5}<a \qquad \cdots\cdots③$$

$\leftarrow |x|>a$ $(a>0)$ の解は
$x<-a, \ a<x$

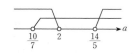

②，③をともに満たす a の値の範囲は

$$\frac{10}{7}<a<2, \ \frac{14}{5}<a$$

であるから，最小の整数 a は **3** である。

6

(1) $\qquad |2x-1|-|x+1|=1 \qquad\qquad$ ……①

　$\cdot x>\dfrac{1}{2}$ のとき，①より

$\qquad (2x-1)-(x+1)=1$

$\qquad \therefore\ x=3\ \left(\text{これは } x>\dfrac{1}{2} \text{ を満たす}\right)$

　$\cdot -1\leqq x\leqq\dfrac{1}{2}$ のとき，①より

$\qquad -(2x-1)-(x+1)=1$

$\qquad \therefore\ x=-\dfrac{1}{3}\ \left(\text{これは } -1\leqq x\leqq\dfrac{1}{2} \text{ を満たす}\right)$

　$\cdot x<-1$ のとき，①より

$\qquad -(2x-1)+(x+1)=1$

$\qquad \therefore\ x=1$　これは $x<-1$ を満たさない。

(2) $\qquad |x+a+1|\leqq 4 \qquad\qquad$ ……②

　$a=3$ のとき，②に代入して

$\qquad |x+4|\leqq 4$ より　$-4\leqq x+4\leqq 4$　$\therefore\ \mathbf{-8\leqq x\leqq 0}$

(3) ①の解は，(1)より $x=3,\ -\dfrac{1}{3}$ であるから

　$x=3$ が②を満たすとき

$\qquad |a+4|\leqq 4$

$\qquad \therefore\ -8\leqq a\leqq 0 \qquad\qquad$ ……③

　$x=-\dfrac{1}{3}$ が②を満たすとき

$\qquad \left|a+\dfrac{2}{3}\right|\leqq 4$ より　$-4\leqq a+\dfrac{2}{3}\leqq 4$

$\qquad \therefore\ -\dfrac{14}{3}\leqq a\leqq\dfrac{10}{3} \qquad\qquad$ ……④

③，④をともに満たす a の値の範囲は，$-\dfrac{14}{3}\leqq a\leqq 0$ であるから，

整数 a は

$\qquad -4,\ -3,\ -2,\ -1,\ 0$

の **5** 個ある。最小の a は**-4** である。

7

$\qquad P=x^2+(a-4)x-(2a^2-a-3)$

$\qquad\ \ =x^2+(a-4)x-(a+1)(2a-3)$

$\qquad\ \ =(x-a-1)(x+2a-3)$

◀ $|a|=\begin{cases} a & (a\geqq 0) \\ -a & (a\leqq 0) \end{cases}$

◀ $\begin{cases} 2x-1>0 \\ x+1>0 \end{cases}$

◀ $\begin{cases} 2x-1\leqq 0 \\ x+1\geqq 0 \end{cases}$

◀ $\begin{cases} 2x-1<0 \\ x+1<0 \end{cases}$

◀ $|x|\leqq a\ (a>0)$ の解は
　$-a\leqq x\leqq a$

解
説

◀(2)より。

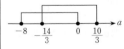

◀たすきがけ。
$\begin{array}{ccc} 1 & & -(a+1) \to -a-1 \\ 1 & & 2a-3 \to 2a-3 \end{array}$

$$\therefore \quad x_1 = a+1, \quad x_2 = -2a+3$$
$$y = |x_1| + |x_2| = |a+1| + |2a-3|$$

←$a+1$, $2a-3$ の符号で場合分け。

・$a \leqq -1$ のとき
$$y = |x_1| + |x_2| = -(a+1) - (2a-3) = -3a+2$$

← $\begin{cases} a+1 \leqq 0 \\ 2a-3 \leqq 0 \end{cases}$

・$-1 \leqq a \leqq \dfrac{3}{2}$ のとき
$$y = |x_1| + |x_2| = (a+1) - (2a-3) = -a+4$$

← $\begin{cases} a+1 \geqq 0 \\ 2a-3 \leqq 0 \end{cases}$

・$a \geqq \dfrac{3}{2}$ のとき
$$y = |x_1| + |x_2| = (a+1) + (2a-3) = 3a-2$$

← $\begin{cases} a+1 \geqq 0 \\ 2a-3 \geqq 0 \end{cases}$

(1) $y = |x_1| + |x_2|$ のグラフは次のようになる。

←グラフを利用する。

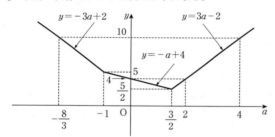

y は $a = \dfrac{3}{2}$ のとき最小値 $\dfrac{5}{2}$ をとる。

(2) $-3a+2 = 10$ とすると
$$a = -\dfrac{8}{3}$$

$3a-2 = 10$ とすると
$$a = 4$$

よって，$y < 10$ を満たす a の値の範囲 ，上のグラフより
$$-\dfrac{8}{3} < a < 4$$

$y < 10$ となるような整数 a は
$$-2, \ -1, \ 0, \ 1, \ 2, \ 3$$
の 6 個。

(3) $y < k$ を満たす整数 a が 3 個になるのは
$$a = 0, \ 1, \ 2$$
のときであり，これらが $y < k$ を満たし，$a = -1$ が $y \geqq k$ を満たすことから，下図より
$$4 < k \leqq 5 \quad (\textcircled{0}, \ \textcircled{1})$$

←$a = 1$　　　のとき　$y = 3$
　$a = 0, 2$　のとき　$y = 4$
　$a = -1$　　のとき　$y = 5$

←$k = 5$ のときも条件を満たす。

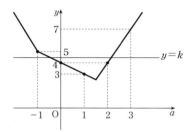

8

(1) $\qquad x^2+xy+y^2=7a-7 \qquad \qquad \cdots\cdots$①
$\qquad x^2-xy+y^2=a+11 \qquad \qquad \cdots\cdots$②

とおくと，(①+②)$\times\dfrac{1}{2}$ より

$\qquad x^2+y^2=4a+2 \qquad \qquad \cdots\cdots$③

(①-②)$\times\dfrac{1}{2}$ より

$\qquad xy=3a-9 \qquad \qquad \cdots\cdots$④

③+④$\times2$ より
$\qquad (x+y)^2=10a-16 \qquad \qquad \cdots\cdots$⑤

③-④$\times2$ より
$\qquad (x-y)^2=-2a+20 \qquad \qquad \cdots\cdots$⑥

(2) $x=y$ のとき，⑥より
$\qquad -2a+20=0 \qquad \therefore \quad a=10$

⑤より
$\qquad (2x)^2=84$
$\qquad \qquad x^2=21$

よって $\quad x=y=\pm\sqrt{21}$

$a=4$ のとき，⑤，⑥より
$\qquad (x+y)^2=24, \quad (x-y)^2=12$

$0<x<y$ のとき $x+y>0$，$x-y<0$ であるから
$\qquad x+y=\sqrt{24}=2\sqrt{6}, \quad x-y=-\sqrt{12}=-2\sqrt{3}$

よって $\quad x=\sqrt{6}-\sqrt{3}, \quad y=\sqrt{6}+\sqrt{3}$

(3) x, y がともに実数となるのは
$\qquad (x+y)^2\geqq0$ かつ $(x-y)^2\geqq0$

のときであるから，⑤，⑥より
$\qquad 10a-16\geqq0$ かつ $-2a+20\geqq0$

ゆえに $\quad \dfrac{8}{5}\leqq a\leqq10$

← (実数)^2 はつねに 0 以上。

解
説

0<x≦y のとき，$x+y>0$，$x-y$≦0 であるから，⑤，⑥より
$$x+y=\sqrt{10a-16}, \quad x-y=-\sqrt{-2a+20}$$
よって
$$x=\frac{1}{2}\left(\sqrt{10a-16}-\sqrt{-2a+20}\right)$$
$$y=\frac{1}{2}\left(\sqrt{10a-16}+\sqrt{-2a+20}\right)$$

$x>0$ より
$$10a-16>-2a+20 \qquad \therefore \quad a>3$$
よって，a の値の範囲は
$$3<a≦10$$

◀x，y が実数である条件
$\dfrac{8}{5}$≦a≦10 を考える。

9

$$A=\{4,\ 8,\ 12,\ 16,\ 20,\ \cdots\cdots,\ 92,\ 96\}$$
$$B=\{6,\ 12,\ 18,\ 24,\ 30,\ \cdots\cdots,\ 90,\ 96\}$$
$$C=\{24,\ 48,\ 72,\ 96\}$$

(1) $A\cap B=\{x\,|\,x$ は 12 の倍数$\}$ であるから

(ⅰ) $A\cap B\ni12$ （**①**）

(ⅱ) $A\supset C$ （**⑤**） ◀C は A の部分集合。

(ⅲ) $A\cap B\supset C$ （**⑤**） ◀C は $A\cap B$ の部分集合。

(ⅳ) $A\cap C=C$ （**⑥**）

(2) (1)の(ⅲ)より **④**

(3) $A\cup B$ の要素のうち，最小の自然数は **4** ◀(4 の倍数)または(6 の倍数)

$\overline{A}\cap B$ の要素のうち，最大の自然数は **90** ◀(4 の倍数でない)かつ(6 の倍数)

$\overline{A}\cup(B\cap C)$ の要素のうち，最大の自然数は **99** ◀(4 の倍数でない)または(24 の倍数)

$A\cap B\cap\overline{C}$ の要素のうち，最大の自然数は **84** ◀(12 の倍数)かつ(24 の倍数でない)

(4) (2)のベン図から集合の包含関係を考える。

・$C\subset A\cap B$，$C\neq A\cap B$ であるから，$x\in C$ は，$x\in A\cap B$ であるための十分条件であるが，必要条件ではない(**①**)。

・$A\supset C$，$B\supset C$ より $A\cap C=B\cap C=C$ であるから，$x\in A\cap C$ は，$x\in B\cap C$ であるための必要十分条件である(**②**)。

・$B\cup C=B\supset C$，$B\cup C\neq C$ であるから，$x\in B\cup C$ は，$x\in C$ であるための必要条件であるが，十分条件ではない(**⓪**)。

(注) 条件 p，q を満たす要素の集合を，それぞれ P，Q とすると
$$p\implies q \text{ が真}$$
であることと
$$P\subset Q$$
が成り立つことは同じである。

10

(1)(ア) 「n が 9 で割り切れる」$\Longrightarrow$「n は 18 で割り切れる」は偽。 ← 反例 $n=9$, 27 など。

「n が 18 で割り切れる」$\Longrightarrow$「n は 9 で割り切れる」は真。

よって ⓪

(イ) 「n が 15 で割り切れる」$\Longrightarrow$「n は 5 で割り切れる」は真。

「n が 5 で割り切れる」$\Longrightarrow$「n は 15 で割り切れる」は偽。 ← 反例 $n=5$, 10 など。

よって ①

(ウ) 9 と 15 はいずれも 3 の倍数であるから

「n が $A \cup B$ に属する」$\Longrightarrow$「n は 3 で割り切れる」は真。

「n が 3 で割り切れる」$\Longrightarrow$「n は $A \cup B$ に属する」は偽。 ← 反例 $n=6$, 12 など。

よって ①

(2)(エ) 9 と 15 のいずれでも割り切れる自然数は，A と B の両方に属する自然数であるから $C=A \cap B$ (④)

(オ) 9 でも 15 でも割り切れない自然数は，A と B のいずれにも属さない自然数であるから $D=\overline{A} \cap \overline{B}=\overline{A \cup B}$ (③) ← ド・モルガンの法則。

(カ) 45 で割り切れる自然数は，A と B の両方に属する自然数であるから $\overline{E}=A \cap B$ つまり $E=\overline{A \cap B}$ (⑦)

(キ) 9 で割り切れるが，5 で割り切れない自然数は，9 で割り切れる自然数から，45 で割り切れる自然数を除いたものであるから $F=A \cap \overline{B}$ (⑤) ←

11

(1) $A=\{x \mid x \leqq -1$ または $2 \leqq x\}$ ← $(x+1)(x-2) \geqq 0$

であるから

$\overline{A}=\{x \mid -1<x<2\}$

(2) $B=U$ となる条件は $q \leqq 0$

(3) $q>0$ のとき

$|2x-p| \geqq q$ ← $2x-p \leqq -q$,

$x \leqq \dfrac{p-q}{2}$, $\dfrac{p+q}{2} \leqq x$ $\quad q \leqq 2x-p$

であるから，$A=B$ となるのは

$$\begin{cases} \dfrac{p-q}{2}=-1 \\ \dfrac{p+q}{2}=2 \end{cases}$$

よって

$p=1$, $q=3$

解説

$p=1$ のとき, $A\supset B$ かつ $A\neq B$ となるのは

$$\begin{cases} \dfrac{1-q}{2}\leqq -1 \\ \dfrac{1+q}{2}>2 \end{cases} \quad\text{または}\quad \begin{cases} \dfrac{1-q}{2}<-1 \\ \dfrac{1+q}{2}\geqq 2 \end{cases}$$

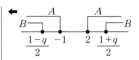

よって $q>3$ （**②**）

(4) $\quad f(x)=x^2+4x+r=(x+2)^2+r-4$

とおくと, $y=f(x)$ のグラフは下に凸の放物線であり, 軸は直線 $x=-2$ である。$\overline{A}\cap C=\varnothing$ となるのは, $-1<x<2$ において $f(x)<0$ となるときであり

$$f(2)=r+12\leqq 0$$

から $r\leqq -12$

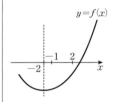

また, $A\cup C=U$ となるのは, $-1<x<2$ において $f(x)\geqq 0$ となるときであり

$$f(-1)=r-3\geqq 0$$

から $r\geqq 3$

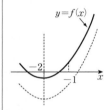

12

(1) $\quad \sqrt{169}=13,\ 0.111\cdots\cdots=\dfrac{1}{9},\ -\dfrac{\sqrt{12}}{\sqrt{3}}=-2,\ \dfrac{\sqrt{3}}{\sqrt{12}}=\dfrac{1}{2}$

より, $\text{⓪}\sim\text{⑨}$ のうち Q の要素は

$$3,\ -\frac{2}{5},\ \sqrt{169},\ 0.25,\ 0.111\cdots\cdots,\ -\frac{\sqrt{12}}{\sqrt{3}},\ \frac{\sqrt{3}}{\sqrt{12}}$$

このうち Z の要素は

$$3,\ \sqrt{169},\ -\frac{\sqrt{12}}{\sqrt{3}}$$

よって, $Q\cap\overline{Z}$ の要素は

$$-\frac{2}{5},\ 0.25,\ 0.111\cdots\cdots,\ \frac{\sqrt{3}}{\sqrt{12}} \quad (\text{⓪},\ \text{⑤},\ \text{⑥},\ \text{⑧})$$

$\sqrt{\dfrac{48}{k}}=4\sqrt{\dfrac{3}{k}}$ が整数でない有理数となるのは, n を 3 または 5

以上の自然数として $k=3n^2$ と表されるときである。よって, 最小の k は, $n=3$ として

$$k=27$$

(2) $r+s,\ rs$ はいずれも有理数である。

$\alpha=\sqrt{2},\ \beta=-\sqrt{2}$ のとき, $\alpha+\beta,\ \alpha\beta$ はともに有理数である。

$r+\alpha$ はつねに無理数である。

$r=0$ のとき, $r\alpha$ は 0 となり有理数である。

$\alpha=\sqrt{2}$ のとき, $\alpha^2=2$ は有理数である。

←R を実数の集合とする。

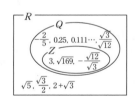

←有理数であるが整数でないもの。

←$\sqrt{\dfrac{48}{27}}=\sqrt{\dfrac{16}{9}}=\dfrac{4}{3}$

よって，つねに無理数であるのは $r+a$ の1個である。

(3)(i) 互いに素とは最大公約数が1であるということであるから，同じ意味となるのは「正の公約数が1個」と「最大公約数が1」（**③**，**⑤**）

(ii) (b)の対偶は「p が奇数であれば，p^2 は奇数である」（**①**）

13

(1) $b \neq 0$（**③**）と仮定する。このとき，$z = -\dfrac{a}{b}$ となり，a，b は有理数であるから，$-\dfrac{a}{b}$ は有理数であるが，z は無理数であり，矛盾する。

よって，$b=0$（**②**）であり，このとき，$a=0$（**⓪**）である。

次に
$$(2\sqrt{2}-3)p+(4-\sqrt{2})q=2+\sqrt{2}$$
より
$$(-3p+4q-2)+(2p-q-1)\sqrt{2}=0$$

←$\sqrt{2}$（無理数）でくくる。

$-3p+4q-2$，$2p-q-1$ は有理数であるから
$$\begin{cases} -3p+4q-2=0 \\ 2p-q-1=0 \end{cases}$$

これを解いて
$$p=\frac{6}{5}, \quad q=\frac{7}{5}$$

(2) 真となる命題は

「xy が無理数である」
$\Longrightarrow$「x，y の少なくとも一方は無理数である」（**②**）

この命題の逆は

「x，y の少なくとも一方が無理数」
$\Longrightarrow$「xy は無理数である」

反例は，x，y の少なくとも一方が無理数であって xy は有理数であるものであるから　**③**，**⑤**

14

(1) p の否定 $\bar{p}$ は「$|a|>3$ または $|b|>4$」（**③**）

←「かつ」の否定は「または」

(2) 「$q \Longrightarrow r$」の対偶は「$\bar{r} \Longrightarrow \bar{q}$」つまり
$$a^2+b^2>25 \text{（⑦）} \Longrightarrow |a|+|b|>7 \text{（⑥）}$$

(3) 「$q \Longrightarrow r$」の反例になっているのは，q を満たすが r を満たさないものであるから　$a=2$，$b=5$（**③**）

(4)・「$p \Longrightarrow q$」は真，「$q \Longrightarrow p$」は偽（反例 $a=0$，$b=7$）である

から **①**

・(3)より「$q \Longrightarrow r$」は偽，「$r \Longrightarrow q$」も偽$\left(反例\ a=b=\dfrac{5}{\sqrt{2}}\right)$　←$|a|+|b|=5\sqrt{2}>7$

であるから **③**

・「$r \Longrightarrow p$」は偽（反例 $a=0$，$b=5$），「$p \Longrightarrow r$」は真である

から **⓪**

15

④の否定は $|a|+|b|\leqq 0$ すなわち「$a=b=0$」であるから
④は「$a\neq 0$　または　$b\neq 0$」と同値である。

条件⓪，①，②，③，④，⑤を満たす ab 平面上の点集合を，それ　←数Ⅱの図形と方程式（領域）
ぞれ，A_0，A_1，A_2，A_3，A_4，A_5 とする（境界はすべて除く）。　　を利用する。

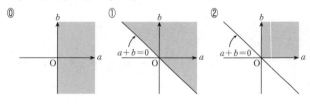

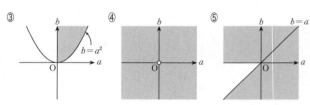

(1) 　　　$P=\{(a,\ b)\,|\,a>0\ かつ\ b>0\}$
　　　　$Q=\{(a,\ b)\,|\,ab>0\}$

とすると，P は第1象限を，Q は第1象限と第3象限を表す。　←

・$P=A_2$ より，$a>0$ かつ $b>0$ は，条件②が成り立つための必要
十分条件である（**②**）。

・$P \supset A_3$，$P \neq A_3$ より，$a>0$ かつ $b>0$ は条件③が成り立つた
めの必要条件であるが，十分条件ではない（**⓪**）。

・$Q \subset A_4$，$Q \neq A_4$ より，$ab>0$ は条件④が成り立つための十分
条件であるが，必要条件ではない（**①**）。

・Q と A_5 には包含関係がないので，$ab>0$ は条件⑤が成り立つ
ための必要条件でも十分条件でもない（**③**）。

(2) A_0，A_1，A_2，A_3，A_4，A_5 の包含関係を調べると

　　　$A_3 \subset A_0$，$A_3 \subset A_1$，$A_3 \subset A_2$，$A_3 \subset A_4$，$A_3 \subset A_5$

より，**③** は他のすべての十分条件であり

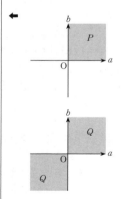

$A_4 \supset A_0,\ A_4 \supset A_1,\ A_4 \supset A_2,\ A_4 \supset A_3,\ A_4 \supset A_5$

より，**④**は他のすべての必要条件である。

(**注**)　条件 $p,\ q$ を満たす要素の集合をそれぞれ $P,\ Q$ とすると

p が q であるための十分条件 $\Longleftrightarrow P \subset Q$

p が q であるための必要条件 $\Longleftrightarrow P \supset Q$

16

(1)　　$\{2n-3 \mid n=0,\ 1,\ 2,\ \cdots\} = \{-3,\ -1,\ 1,\ \cdots\}$

$\{2n-1 \mid n=0,\ 1,\ 2,\ \cdots\} = \{-1,\ 1,\ 3,\ \cdots\}$

$\{2n+1 \mid n=0,\ 1,\ 2,\ \cdots\} = \{1,\ 3,\ 5,\ \cdots\}$

$\{2n+3 \mid n=0,\ 1,\ 2,\ \cdots\} = \{3,\ 5,\ 7,\ \cdots\}$

よって，正の奇数全体の集合を表すのは

$\{2n+1 \mid n=0,\ 1,\ 2,\ \cdots\}$　　(**②**)

(2)(イ)　　$p：m^2+n^2$ が偶数である

$q：m,\ n$ がともに奇数である

とおく。

$m=n=2$ とすると　$m^2+n^2=8$　　　　　　　　　　　←$m,\ n$ ともに偶数の場合。

よって，p ではあるが q ではないから

$p \Longrightarrow q$ は偽

q とすると，$m^2,\ n^2$ がともに奇数であるから，m^2+n^2 は偶数である。

よって

$q \Longrightarrow p$ は真

したがって，p は q であるための必要条件であるが，十分条件ではない(**⓪**)。

(ウ)　　$p：m$ が n により $m=n^2+n+1$ と表される

$q：m$ が奇数である

とおく。

p とすると，$n,\ n+1$ の一方は偶数，他方は奇数であるから $n(n+1)=n^2+n$ は偶数であり，m は奇数である。よって，q であるから

$p \Longrightarrow q$ は真

また，$m=5$ とすると，$m=n^2+n+1$ を満たす整数 n は存在しない。　　　　　　　　　　　　　　　　　←$n(n+1)=4$

よって

$q \Longrightarrow p$ は偽

したがって，p は q であるための十分条件であるが，必要条件ではない(**①**)。

(エ)　　　$p : n^2$ が 8 の倍数である

　　　　　$q : n$ が 4 の倍数である

　とおく。

　n^2 が $8=2^3$ の倍数であるならば，n^2 は $2^4=16$ の倍数である ← n^2 は平方数。

　から，n は 4 の倍数である。

　よって

　　　$p \Longrightarrow q$ は真

　n が 4 の倍数であるならば，n^2 は 16 の倍数であるから，n^2 は

　8 の倍数である。

　よって

　　　$q \Longrightarrow p$ は真

　したがって，p は q であるための必要十分条件である（**②**）。

(3)　x が奇数のとき，$x=2k-1$（k は整数）とおくと

$$A = m(2k-1)^2 + n(2k-1) + 2m + n + 1$$
$$= 2(2k^2m - 2km + kn + m) + m + 1$$

となるので，A が偶数になるための必要十分条件は，m が奇数 ← $m+1$ が偶数。

となることである（**⓪**）。

また，x が偶数のとき，$x=2k$（k は整数）とおくと

$$A = m(2k)^2 + n(2k) + 2m + n + 1$$
$$= 2(2k^2m + kn + m) + n + 1$$

となるので，A が奇数になるための必要十分条件は，n が偶数と ← $n+1$ が奇数。

なることである（**④**）。

17

(1)　放物線 C が 2 点 $(1, \ -3)$, $(5, \ 13)$ を通るので

$$\begin{cases} -3 = a + b + c \\ 13 = 25a + 5b + c \end{cases} \quad \therefore \quad \begin{cases} b = -6a + 4 \\ c = 5a - 7 \end{cases}$$

(2)　(1)より，C は

$$y = ax^2 - 2(3a-2)x + 5a - 7$$

$$= a\left\{ x^2 - \frac{2(3a-2)}{a}x \right\} + 5a - 7$$

$$= a\left\{ \left(x - \frac{3a-2}{a} \right)^2 - \left(\frac{3a-2}{a} \right)^2 \right\} + 5a - 7$$

$$= a\left(x - \frac{3a-2}{a} \right)^2 - \frac{(3a-2)^2}{a} + 5a - 7$$

$$= a\left\{ x - \left(3 - \frac{2}{a} \right) \right\}^2 - 4a + 5 - \frac{4}{a}$$

よって，C の頂点の座標は $\left(3 - \dfrac{2}{a}, \ -4a + 5 - \dfrac{4}{a} \right)$ である。

(3) C と x 軸の交点の x 座標は，$y=0$ とおいて，(2)より

$$a\left\{x-\left(3-\frac{2}{a}\right)\right\}^2=\frac{4}{a}-5+4a$$

$$\left\{x-\left(3-\frac{2}{a}\right)\right\}^2=\frac{4}{a^2}-\frac{5}{a}+4$$

$$x-\left(3-\frac{2}{a}\right)=\pm 2\sqrt{\frac{1}{a^2}-\frac{5}{4a}+1}$$

$$\therefore\quad x=3-\frac{2}{a}\pm 2\sqrt{\frac{1}{a^2}-\frac{5}{4a}+1}$$

よって　$\mathrm{PQ}=4\sqrt{\dfrac{1}{a^2}-\dfrac{5}{4a}+1}$

$t=\dfrac{1}{a}$ とおくと

$$\mathrm{PQ}=4\sqrt{t^2-\frac{5}{4}t+1}=4\sqrt{\left(t-\frac{5}{8}\right)^2+\frac{39}{64}}$$

よって，PQ は

$t=\dfrac{5}{8}$ のとき最小値　$4\sqrt{\dfrac{39}{64}}=\dfrac{\sqrt{39}}{2}$

をとる。

← $y=0$ の 2 解は

$$x=\frac{3a-2\pm\sqrt{4a^2-5a+4}}{a}$$

であるから

$$\mathrm{PQ}=\frac{2\sqrt{4a^2-5a+4}}{a}$$

18

$$y=x^2+(4a+6)x+3a+4$$
$$=(x+2a+3)^2-4a^2-9a-5 \qquad \cdots\cdots①$$

よって
$$\mathrm{P}(-2a-3,\ -4a^2-9a-5)$$

(1) C が x 軸と異なる 2 点 A，B で交わる条件は
$$-4a^2-9a-5<0$$
$$(a+1)(4a+5)>0$$
$$\therefore\quad a<-\frac{5}{4},\ -1<a \qquad \cdots\cdots②$$

このとき，①において $y=0$ とおくと
$$x=-2a-3\pm\sqrt{4a^2+9a+5}$$
$$\mathrm{AB}=(-2a-3+\sqrt{4a^2+9a+5})-(-2a-3-\sqrt{4a^2+9a+5})$$
$$=2\sqrt{4a^2+9a+5}$$
よって，$\mathrm{AB}>2\sqrt{14}$ となる条件は
$$2\sqrt{4a^2+9a+5}>2\sqrt{14}$$
$$4a^2+9a-9>0$$
$$(a+3)(4a-3)>0$$

←(頂点の y 座標)<0，
　$y=0$ の(判別式)>0
　でもよい。

←A，B の x 座標。

$$a<-3, \quad \frac{3}{4}<a \quad (\text{これは②を満たす})$$

また，$d=\sqrt{4a^2+9a+5}$ とおくと

$$\text{AB}=2d, \quad \text{P}(-2a-3, \ -d^2)$$

である。P から x 軸へ引いた垂線と x 軸との交点を H とすると，H は AB の中点である。よって

$$\text{AH}=\text{BH}=\frac{\text{AB}}{2}=d, \quad \text{PH}=d^2$$

二等辺三角形 ABP が正三角形となる条件は，$\sqrt{3}\,\text{AH}=\text{PH}$ であり，$\sqrt{3}\,d=d^2$ より

$$d=\sqrt{3}$$

このとき

$$\sqrt{4a^2+9a+5}=\sqrt{3}$$
$$(a+2)(4a+1)=0$$
$$\therefore \quad a=-2, \ -\frac{1}{4}$$

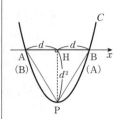

(2) C を x 軸に関して対称移動すると

$$(-y)=x^2+(4a+6)x+3a+4$$
$$\therefore \quad y=-x^2-(4a+6)x-3a-4$$

さらに，x 軸方向に 2，y 軸方向に -19 だけ平行移動すると

$$y-(-19)=-(x-2)^2-(4a+6)(x-2)-3a-4$$
$$\therefore \quad y=-x^2-(4a+2)x+5a-15$$

これが C' であり，C' が原点を通ることから

$$5a-15=0 \quad \therefore \quad a=3$$
$$C': y=-x^2-14x$$

◀$y=f(x)$ のグラフを x 軸に関して対称移動すると
$$-y=f(x)$$
すなわち $y=-f(x)$

(注) 頂点の移動を考える。

$$\text{P}(-2a-3, \ -4a^2-9a-5)$$

x 軸に関して対称移動すると

$$(-2a-3, \ 4a^2+9a+5)$$

x 軸方向に 2，y 軸方向に -19 だけ平行移動すると

$$(-2a-1, \ 4a^2+9a-14)$$

また，x^2 の係数は -1 になるから，C' の方程式は

$$y=-(x+2a+1)^2+4a^2+9a-14$$

19

(1) C は

$$y=-x^2+ax+\frac{a^2}{2}-a-1$$

$$= -\left(x - \frac{a}{2}\right)^2 + \frac{3}{4}a^2 - a - 1$$

と表されるので，C の頂点の座標は

$$\left(\frac{1}{2}a,\ \frac{3}{4}a^2 - a - 1\right)$$

である。

(2)　$a = 2$ のとき，頂点は $(1,\ 0)$　　……⓪

　　　$a = 3$ のとき，頂点は $\left(\frac{3}{2},\ \frac{11}{4}\right)$

　　　　　　　　　　　　　　　　　　……①

　　　　y 軸との交点は $\left(0,\ \frac{1}{2}\right)$

　　　$a = 0$ のとき，頂点は $(0,\ -1)$　　……②

したがって，③のグラフを表すことはできない。

　　　$a = -2$ のとき，頂点は $(-1,\ 4)$　　……④

　　　　　　　y 軸との交点は $(0,\ 3)$

したがって，⑤のグラフを表すことはできない。

よって，表すことができないグラフは　**③，⑤**

(3)　C は上に凸の放物線であるから，C が x 軸と共有点をもつための条件は，（頂点の y 座標）$\geqq 0$ である。

よって

$$\frac{3}{4}a^2 - a - 1 \geqq 0$$

$$3a^2 - 4a - 4 \geqq 0$$

$$(a - 2)(3a + 2) \geqq 0 \quad \therefore\quad a \leqq -\frac{2}{3},\ 2 \leqq a$$

$a = 2$ のとき，C は x 軸と接するので，共有点は頂点になる。

よって，共有点の座標は $(1,\ 0)$ である。

また，C が x 軸の $x > 0$ の部分と共有点をもつための条件は

$$f(x) = -x^2 + ax + \frac{a^2}{2} - a - 1$$

とおくと

・$\dfrac{a}{2} \leqq 0$ つまり $a \leqq 0$ のとき

$$f(0) = \frac{a^2}{2} - a - 1 > 0$$

$$a^2 - 2a - 2 > 0$$

$a \leqq 0$ より　$a < 1 - \sqrt{3}$

・$\dfrac{a}{2} > 0$ つまり $a > 0$ のとき

←頂点と y 軸との交点を確認する。

←$y = 0$ の判別式 $D \geqq 0$ でもよい。

解
説

←(2)の⓪。

←軸 $x = \dfrac{a}{2}$ の位置で場合分けをする。

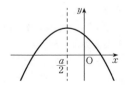

$$f\left(\frac{a}{2}\right)=\frac{3}{4}a^2-a-1\geqq0$$

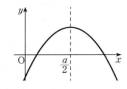

← (頂点の y 座標)≧0

$a>0$ より $a\geqq2$

以上より，求める a の値の範囲は

$$a<1-\sqrt{3},\ 2\leqq a$$

(4) $a<0$ のとき，$0\leqq x\leqq1$ における最大値は

$$f(0)=\frac{a^2}{2}-a-1$$

← 軸 $x=\dfrac{a}{2}<0$

最小値は

$$f(1)=\frac{a^2}{2}-2$$

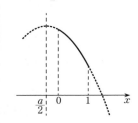

であるから，最大値と最小値の差は

$$f(0)-f(1)=-a+1$$

20

$$y=(x-a+1)^2-a^2+8$$

であるから，G は頂点の座標が

$$(a-1,\ -a^2+8)$$

の放物線である。

(1) G が点 $(7,\ 8)$ を通るとき

$$8=7^2-(2a-2)\cdot7-2a+9$$

$$\therefore\quad a=4$$

(2) $$y=x^2+2x+9-a(2x+2)\qquad\cdots\cdots①$$

←a について整理する。

であり，$x=-1$ のとき $y=8$ であるから　P$(-1,\ 8)$

G は軸(直線 $x=a-1$)に関して対称であるから，$a\neq0$ のとき軸に関する点 P の対称点 $(2a-1,\ 8)$ も G 上にある。

(3) すべての実数 x に対して $y>0$ となるのは，G の頂点の y 座標が正となるときであるから

$$-a^2+8>0$$

$$\therefore\quad 0<a<2\sqrt{2}$$

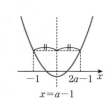

$x=a-1$

←$a>0$ より。

また

「すべての整数 x に対して $y>0$」

となるのは，軸：$x=a-1$ に最も近い整数 x に対して $y>0$ となるときである。

$a>0$ より $a-1>-1$ であることから

$x=-1$ のとき $y=8>0$

$x=0$ のとき $y=9-2a>0$ より $a<\dfrac{9}{2}$　　　$\cdots\cdots②$

$x=1$ のとき $y=12-4a>0$ より $a<3$　　　$\cdots\cdots③$

$x=2$ のとき $y=17-6a>0$ より $a<\dfrac{17}{6}$ ……④

②, ③, ④の共通範囲を求めると $a<\dfrac{17}{6}$ であり, このとき,

軸：$x=a-1<\dfrac{11}{6}<2$ であるから, $x\geqq3$ のとき $y>0$ である。

よって

$$0<a<\dfrac{17}{6}$$

21

(1) $\quad y=(x-a-6)^2-a^2-2a+8$

であるから, G の頂点の座標は

$$(a+6,\ -a^2-2a+8)$$

(2)(i) $a+6\leqq0$ つまり $a\leqq-6$ のとき

$\qquad m=10a+44\quad(x=0)$

このとき, m の最大値は -16 $(a=-6$ のとき$)$

(ii) $0\leqq a+6\leqq6$ つまり $-6\leqq a\leqq0$ のとき

$\qquad m=-a^2-2a+8\quad(x=a+6)$

$\qquad\ \ =-(a+1)^2+9$

このとき, m の最大値は 9 $(a=-1$ のとき$)$

(iii) $6\leqq a+6$ つまり $0\leqq a$ のとき

$\qquad m=-2a+8\quad(x=6)$

このとき, m の最大値は 8 $(a=0$ のとき$)$

よって, a の関数 m は $a=-1$ のとき最大値 9 をとる。

また, $0\leqq x\leqq6$ においてつねに $y>0$ となるのは, $m>0$ となることである。

(i)のとき, すなわち $a\leqq-6$ のとき

$\qquad m>0$ より $\quad a>-\dfrac{22}{5}$

これは $a\leqq-6$ を満たさない。

(ii)のとき, すなわち $-6\leqq a\leqq0$ のとき

$\qquad m>0$ より $\quad a^2+2a-8<0\quad\therefore\quad-4<a<2$

$\quad-6\leqq a\leqq0$ から $\quad-4<a\leqq0$

(iii)のとき, すなわち $a\geqq0$ のとき

$\qquad m>0$ より $\quad a<4$

$\quad a\geqq0$ から $\quad0\leqq a<4$

(i), (ii), (iii)より

$$-4<a<4$$

(i)

(ii)

(iii)

(注) m のグラフは次のようになる。

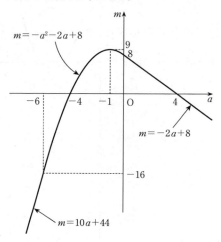

$m = -a^2 - 2a + 8$

$m = -2a + 8$

$m = 10a + 44$

22

$$y = ax^2 + bx + c$$

$$= a\left(x + \frac{b}{2a}\right)^2 - \frac{b^2 - 4ac}{4a}$$

図1のグラフは，下に凸であるから $a > 0$
頂点が第4象限にあるから

$$-\frac{b}{2a} > 0 \quad かつ \quad -\frac{b^2 - 4ac}{4a} < 0$$

y軸の $y > 0$ の部分と交わるので $c > 0$
よって

$$a > 0, \quad b < 0, \quad c > 0, \quad b^2 > 4ac \qquad \cdots\cdots①$$

←グラフの凹凸，頂点，y切片を調べる。

(1) $a = \dfrac{1}{2}$ のとき，①より

$$b < 0, \quad c > 0, \quad b^2 > 2c$$

よって，b，c の組合せとして適当なものは

$$b = -2, \quad c = 1 \quad (\mathbf{⑥})$$

このとき頂点の座標は $(2, -1)$ であるから，グラフを y 軸方向に1だけ平行移動すると，頂点が x 軸上に移る。よって，c の値を1だけ増加させればよい。（**⓪**）

(2) グラフが x 軸の $x > 0$ の部分と異なる2点で交わっているから，2次方程式 $ax^2 + bx + c = 0$ は異なる二つの正の解をもつ。（**⓪**）

(3) 「不等式 $ax^2 + bx + c > 0$ の解がすべての実数となること」が起こり得るのは，グラフ全体が x 軸の上側にあることであるから

$$a>0 \quad \text{かつ} \quad -\frac{b^2-4ac}{4a}>0$$

すなわち

$$a>0, \quad b^2<4ac \qquad \qquad \cdots\cdots ②$$

よって，「a の値を大きくする」または「b の値を 0 に近づける」または「c の値を大きくする」ことによって，①の状態から②を満たすようにできる。(**⑦**)

「不等式 $ax^2+bx+c>0$ の解がないこと」が起こり得るのは，グラフが x 軸より上側にないことであるから

$$a<0 \quad \text{かつ} \quad -\frac{b^2-4ac}{4a}\leqq 0$$

すなわち

$$a<0, \quad b^2\leqq 4ac \qquad \qquad \cdots\cdots ③$$

よって，一つの操作だけで，①の状態から③を満たすようにすることはできない。(**⓪**)

23

〔1〕 1000 円から $10x$ 円値下げすると，$(20+3x)$ 個売れるから売り上げ y は

$$\begin{aligned}
y &= (1000-10x)(20+3x) \\
&= -30x^2+2800x+20000 \quad (\textbf{⑤}) \\
&= -30\left(x-\frac{140}{3}\right)^2+\frac{256000}{3}
\end{aligned}$$

$\dfrac{140}{3}=46+\dfrac{2}{3}$ より，y を最大にする整数 x は 47 であるから，売　　　　$\leftarrow \dfrac{140}{3}$ に最も近い整数は 47

り上げが最大となるのは売値を

$$1000-10\cdot 47=530\,(円) \quad (\textbf{①})$$

としたときで，このときの売り上げは

$$y=530\cdot 161=85330\,(円) \quad (\textbf{⑦})$$

である。また，1 日の利益を z とすると

$$\begin{aligned}
z &= y-400(20+3x) \\
&= (600-10x)(20+3x) \\
&= -30x^2+1600x+12000 \\
&= -30\left(x-\frac{80}{3}\right)^2+\frac{100000}{3}
\end{aligned}$$

$\dfrac{80}{3}=26+\dfrac{2}{3}$ より，z を最大にする整数 x は 27 であるから，利益　　　　$\leftarrow \dfrac{80}{3}$ に最も近い整数は 27

が最大となるのは売値を

$$1000-10\cdot 27=730\,(円) \quad (\textbf{③})$$

としたときで，このときの利益は

$$z = 330 \cdot 101 = 33330 \,(\text{円}) \quad (\textbf{答})$$

〔2〕 $y = ax^2 + bx$ に $(x, y) = (20, 8.5)$, $(40, 22)$ を代入すると

$$\begin{cases} 8.5 = 400a + 20b \\ 22 = 1600a + 40b \end{cases}$$

$$\therefore \quad a = \frac{1}{160}, \quad b = \frac{3}{10}$$

$y = \frac{1}{160}x^2 + \frac{3}{10}x$ において, $x = 80$ のとき

$$y = \frac{1}{160} \cdot 80^2 + \frac{3}{10} \cdot 80 = \textbf{64} \,(\text{m})$$

$y \leqq 10$ とすると

$$\frac{1}{160}x^2 + \frac{3}{10}x - 10 \leqq 0$$

$$x^2 + 48x - 1600 \leqq 0$$

$$(x+24)^2 \leqq 2176$$

← $-\sqrt{2176} - 24 \leqq x$
  $\leqq \sqrt{2176} - 24$

$x > 0$ から $x \leqq \sqrt{2176} - 24$

$46^2 = 2116$, $47^2 = 2209$ より, $46 < \sqrt{2176} < 47$ であるから

$$22 < \sqrt{2176} - 24 < 23$$

よって, 時速 $22\,\text{km}$ 以下にしなければならない。(**答**)

24

$$C : y = \frac{1}{2}(x-2a)^2 + b - 2a^2$$

C の頂点 $(2a, \ b-2a^2)$ が D 上にあるとき

$$b - 2a^2 = (2a)^2 + 2a - 2$$

$$\therefore \quad b = \textbf{6}a^2 + \textbf{2}a - \textbf{2}$$

このとき, C を $y = f(x)$ とおくと

$$f(x) = \frac{1}{2}x^2 - 2ax + 6a^2 + 2a - 2$$

$$= \frac{1}{2}(x-2a)^2 + 4a^2 + 2a - 2$$

(1) C が x 軸と異なる 2 点で交わる条件は

$$4a^2 + 2a - 2 < 0$$

$$2(a+1)(2a-1) < 0$$

← (頂点の y 座標) < 0

$$\therefore \quad -1 < a < \frac{1}{2}$$

C が x 軸の正の部分と異なる 2 点で交わるような条件は

←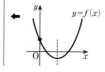

$$\begin{cases} 4a^2+2a-2<0 \\ 軸：x=2a>0 \\ f(0)=6a^2+2a-2>0 \end{cases}$$

$$\therefore \quad \frac{\sqrt{13}-1}{6}<a<\frac{1}{2}$$

← $-1<a<\dfrac{1}{2}$

← $a<\dfrac{-1-\sqrt{13}}{6}$,

$\dfrac{-1+\sqrt{13}}{6}<a$

(2) $f(x)=x+2$ より

$$\frac{1}{2}x^2-(2a+1)x+6a^2+2a-4=0 \qquad \cdots\cdots①$$

C が直線 $y=x+2$ と接するとき

$$(2a+1)^2-2(6a^2+2a-4)=0$$

$$-8a^2+9=0$$

$$\therefore \quad a=\pm\frac{3\sqrt{2}}{4}$$

← (①の判別式)$=0$

C が直線 $y=x+2$ の第1象限と第3象限の部分で交わる条件は，①が $x<-2$，$0<x$ の範囲に，それぞれ解をもつことであるから，①の左辺を $g(x)$ とおくと

←

$$\begin{cases} g(0)=6a^2+2a-4<0 \\ g(-2)=6a^2+6a<0 \end{cases}$$

$$\begin{cases} 2(a+1)(3a-2)<0 \\ 6a(a+1)<0 \end{cases}$$

$$\therefore \quad \begin{cases} -1<a<\dfrac{2}{3} \\ -1<a<0 \end{cases}$$

$$\therefore \quad -1<a<0$$

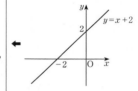

25

∠ABC は鈍角であるから

$$\cos\angle ABC=-\sqrt{1-\left(\sqrt{\frac{3}{7}}\right)^2}=-\frac{2\sqrt{7}}{7}$$

△ABC に余弦定理を用いると

$$AC^2=1^2+(\sqrt{7})^2-2\cdot1\cdot\sqrt{7}\cdot\cos\angle ABC$$

$$=12 \quad \therefore \quad AC=2\sqrt{3}$$

← $90°<\theta<180°$ のとき
$\cos\theta=-\sqrt{1-\sin^2\theta}$

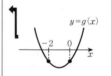

円 O の半径を R とすると，△ABC に正弦定理を用いて

$$\frac{2\sqrt{3}}{\sin\angle ABC}=2R \quad \therefore \quad R=\frac{\sqrt{3}}{\sin\angle ABC}=\sqrt{7}$$

← 円 O は△ABC の外接円でもある。

△ABC に正弦定理を用いると

$$\frac{\sqrt{7}}{\sin\angle BAC}=2R \quad \therefore \quad \sin\angle BAC=\frac{1}{2}$$

∠ABC>90° より ∠BAC<90° ∴ ∠BAC=**30°**

△ABH において，AB=1，∠BAH=30°，∠AHB=90° より

$$BH=\frac{1}{2},\ AH=\frac{\sqrt{3}}{2}$$

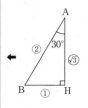

よって

$$CH=AC-AH=\frac{3\sqrt{3}}{2}$$

$\overset{\frown}{BC}$ の円周角を考えて

$$\angle BDC=\angle BAC=30°$$

△CDH において，$CH=\dfrac{3\sqrt{3}}{2}$，∠CDH=30°，∠CHD=90° より

$$DH=\sqrt{3}CH=\frac{9}{2}$$

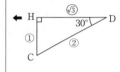

△AHD において

$$\tan\angle CAD=\frac{HD}{AH}=\frac{\dfrac{9}{2}}{\dfrac{\sqrt{3}}{2}}=3\sqrt{3}$$

△CHD において

$$\tan\angle ACD=\frac{HD}{CH}=\frac{\dfrac{9}{2}}{\dfrac{3\sqrt{3}}{2}}=\sqrt{3}$$

よって

$$0<\tan\angle ACD<\tan\angle CAD$$
$$\therefore\ \angle ACD<\angle CAD$$
$$\therefore\ \angle CAD>\angle ACD\ \ (\textbf{②})$$

← △ACD において
AD=$\sqrt{21}$，CD=$3\sqrt{3}$
AD<CD から
　∠ACD<∠CAD

26

△ABC に余弦定理を用いると
$$AC^2=(1+\sqrt{2})^2+2^2-2\cdot(1+\sqrt{2})\cdot2\cdot\cos45°$$
$$=3\ \ \ \therefore\ \ AC=\sqrt{3}$$

← △ABC に注目。

△ABC に余弦定理を用いると
$$\cos\angle ACB=\frac{2^2+(\sqrt{3})^2-(1+\sqrt{2})^2}{2\cdot2\cdot\sqrt{3}}$$
$$=\frac{2\sqrt{3}-\sqrt{6}}{6}$$

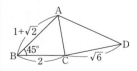

$$\sin\angle ADC=\sqrt{1-\cos^2\angle ADC}=\sqrt{1-\left(\frac{\sqrt{6}}{3}\right)^2}=\frac{\sqrt{3}}{3}$$

← $\sin\angle ADC$ を求めておく。

であるから，△ACD に正弦定理を用いると

← △ACD に注目。

$$\frac{\sqrt{3}}{\sin\angle\mathrm{ADC}}=\frac{\sqrt{6}}{\sin\angle\mathrm{CAD}}$$

$$\therefore\quad \sin\angle\mathrm{CAD}=\sqrt{2}\sin\angle\mathrm{ADC}=\frac{\sqrt{6}}{3}$$

$\triangle\mathrm{ACD}$ の外接円の半径を R とすると，正弦定理により

←外接円の半径は正弦定理を
利用して求める。

$$\frac{\sqrt{3}}{\sin\angle\mathrm{ADC}}=2R\quad \therefore\quad R=\frac{\sqrt{3}}{2\sin\angle\mathrm{ADC}}=\frac{3}{2}$$

また，$\mathrm{AD}=x$ とおいて，$\triangle\mathrm{ACD}$ に余弦定理を用いると

$$(\sqrt{3})^2=x^2+(\sqrt{6})^2-2\cdot x\cdot\sqrt{6}\cdot\cos\angle\mathrm{ADC}$$

$$x^2-4x+3=0\quad \therefore\quad x=1,\ 3$$

$\mathrm{AD}=3$ のとき，四角形 ABCD の面積は

$$\triangle\mathrm{ABC}+\triangle\mathrm{ACD}$$

$$=\frac{1}{2}\cdot(1+\sqrt{2})\cdot2\cdot\sin45°+\frac{1}{2}\cdot\sqrt{6}\cdot3\cdot\sin\angle\mathrm{ADC}$$

$$=2\sqrt{2}+1$$

四角形 ABCD の面積を S とすると

$$S=\frac{1}{2}\cdot\mathrm{AC}\cdot\mathrm{BD}\cdot\sin\theta$$

と表されるので

$$\mathrm{BD}=\frac{2S}{\mathrm{AC}\sin\theta}$$

$$=\frac{2(2\sqrt{2}+1)}{\sqrt{3}\,\sin\theta}$$

$$=\frac{2(2\sqrt{6}+\sqrt{3})}{3\sin\theta}\quad (\text{⓪})$$

$\triangle\mathrm{ACD}$ は $\angle\mathrm{ACD}=90°$ の
直角三角形になる。

$$\triangle\mathrm{ACD}=\frac{1}{2}\cdot\mathrm{AC}\cdot\mathrm{CD}$$

$$=\frac{3\sqrt{2}}{2}$$

←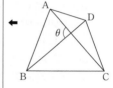

27

(1) 正弦定理により，外接円 K_1 の半径は

$$\frac{6}{2\sin60°}=\frac{6}{\sqrt{3}}=2\sqrt{3}$$

$\widehat{\mathrm{AB}}$ の円周角を考えて

$$\angle\mathrm{APB}=\angle\mathrm{ACB}=60°$$

であるから，$\mathrm{BP}=x$ とおいて $\triangle\mathrm{ABP}$ に余弦定理を用いると

$$6^2=x^2+(3\sqrt{5})^2-2\cdot x\cdot3\sqrt{5}\cdot\cos60°$$

$$x^2-3\sqrt{5}\,x+9=0$$

$$x=\frac{3\sqrt{5}\pm3}{2}$$

同様にして，$\widehat{\mathrm{AC}}$ の円周角を考えて

$$\angle\mathrm{APC}=\angle\mathrm{ABC}=60°$$

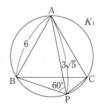

であるから，△ACP に余弦定理を用いると

$$CP = \frac{3\sqrt{5} \pm 3}{2}$$

◀CP も BP と同じ方程式を
満たす。
$$CP^2 - 3\sqrt{5}\,CP + 9 = 0$$

BP≒CP から，BP と CP の長さは

$$\frac{3\sqrt{5}+3}{2} \quad と \quad \frac{3\sqrt{5}-3}{2}$$

よって

$$BP + CP = \frac{3\sqrt{5}+3}{2} + \frac{3\sqrt{5}-3}{2} = 3\sqrt{5}$$

であり，BP+CP=AP が成り立つ。

(2) $\overset{\frown}{AC}$ の円周角を考えて

$$\angle ADC = \angle ABC = 60°$$

$\overset{\frown}{BC}$ の円周角を考えて

$$\angle BDC = \angle BAC = 60°$$

よって

$$\begin{aligned} \angle ADB &= \angle ADC + \angle BDC \\ &= 60° + 60° \\ &= \mathbf{120°} \end{aligned}$$

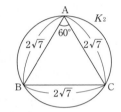

◀同じ弧に対する円周角は等
しい。
◀$\angle ADB + \angle ACB = 180°$
より
$$\begin{aligned}\angle ADB &= 180° - \angle ACB \\ &= 180° - 60° = 120°\end{aligned}$$
とすることもできる。

AD$=y$ とおいて，△ABD に余弦定理を用いると

$$y^2 + 2^2 - 2 \cdot y \cdot 2 \cos 120° = (2\sqrt{7})^2$$
$$y^2 + 2y - 24 = 0$$
$$(y+6)(y-4) = 0$$

$y>0$ より　$y=4$　∴　AD$=\mathbf{4}$

△ABD の面積は

$$\frac{1}{2} \cdot 2 \cdot 4 \sin 120° = 2\sqrt{3}$$

△ABC の面積は

$$\frac{1}{2}(2\sqrt{7})^2 \cdot \sin 60° = 7\sqrt{3}$$

よって，四角形 ADBC の面積は

$$△ABC + △ABD = \mathbf{9\sqrt{3}}$$

△ACD と△BCD の面積比は

$$\begin{aligned} &\frac{1}{2}AD \cdot CD \cdot \sin 60° : \frac{1}{2}BD \cdot CD \cdot \sin 60° \\ &= AD : BD \\ &= \mathbf{2 : 1} \end{aligned}$$

であるから，△ACD の面積は

$$\frac{2}{3}(四角形 ADBC) = \frac{2}{3} \cdot 9\sqrt{3} = \mathbf{6\sqrt{3}}$$

△ACD の面積について

$$\frac{1}{2}\cdot\text{AD}\cdot\text{CD}\cdot\sin60°=6\sqrt{3}$$

$$\frac{1}{2}\cdot4\cdot\text{CD}\cdot\frac{\sqrt{3}}{2}=6\sqrt{3}$$

$$\therefore\quad \text{CD}=\mathbf{6}$$

よって，AD＋BD＝CD が成り立つ。

(注)　円に内接する四角形の性質から

$$\angle\text{CAD}+\angle\text{CBD}=180°$$

△ADC，△BCD のそれぞれに余弦定理を用いると

$$\text{CD}^2=4^2+(2\sqrt{7})^2-2\cdot4\cdot2\sqrt{7}\cdot\cos\angle\text{CAD}$$

$$=44-16\sqrt{7}\cos\angle\text{CAD}$$

$$\text{CD}^2=2^2+(2\sqrt{7})^2-2\cdot2\cdot2\sqrt{7}\cdot\cos\angle\text{CBD}$$

$$=32-8\sqrt{7}\cos(180°-\angle\text{CAD})$$

$$=32+8\sqrt{7}\cos\angle\text{CAD}$$

◆$\cos(180°-\theta)=-\cos\theta$

よって

$$44-16\sqrt{7}\cos\angle\text{CAD}=32+8\sqrt{7}\cos\angle\text{CAD}$$

$$\therefore\quad \cos\angle\text{CAD}=\frac{1}{2\sqrt{7}}$$

したがって

$$\text{CD}^2=32+8\sqrt{7}\cdot\frac{1}{2\sqrt{7}}=36$$

$$\therefore\quad \text{CD}=6$$

28

余弦定理により

$$\cos\angle\text{ACB}=\frac{4^2+(\sqrt{5})^2-3^2}{2\cdot4\cdot\sqrt{5}}=\frac{12}{8\sqrt{5}}=\frac{3\sqrt{5}}{10}$$

$$\sin\angle\text{ACB}=\sqrt{1-\cos^2\angle\text{ACB}}$$

$$=\sqrt{1-\left(\frac{3\sqrt{5}}{10}\right)^2}$$

$$=\frac{\sqrt{55}}{10}$$

外接円 O の半径を R とすると，正弦定理により

$$R=\frac{3}{2\sin\angle\text{ACB}}=\frac{15}{\sqrt{55}}=\frac{3\sqrt{55}}{11}$$

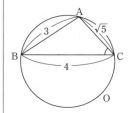

(1)　四角形 ABCP の面積が最大になるのは，△ABC の面積が一定であるから，△ACP の面積が最大になるときである。

　　△ACP の面積が最大になるのは，辺 AC と点 P の距離が最大に

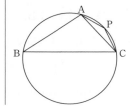

なるときであるから，点 P における円 O の接線は辺 AC と平行である。このとき，P は辺 AC の垂直二等分線上にあり，AP＝CP であるから，∠ABP＝∠CBP が成り立つので，線分 BP は∠ABC の二等分線である。よって，正しくない記述は **⓪，②**

(2)　△ACP に正弦定理を用いて

$$\frac{\sqrt{5}}{\sin\angle APC}=2\cdot\frac{3}{11}\sqrt{55} \qquad \therefore \quad \sin\angle APC=\frac{11\sqrt{5}}{6\sqrt{55}}=\frac{\sqrt{11}}{6}$$

← △ABCの外接円と△ACP の外接円は同じ円。

∠APC＞90° より，cos∠APC＜0 であるから

$$\cos\angle APC=-\sqrt{1-\sin^2\angle APC}$$
$$=-\sqrt{1-\left(\frac{\sqrt{11}}{6}\right)^2}$$
$$=-\frac{5}{6}$$

← △ABCにおいて，
$3^2+4^2>(\sqrt{5})^2$ より
∠ABC＜90°
四角形ABCPは円に内接するから
∠ABC＋∠APC＝180°
よって　∠APC＞90°

(注)　△ABC に余弦定理を用いて

$$\cos\angle ABC=\frac{3^2+4^2-(\sqrt{5})^2}{2\cdot3\cdot4}=\frac{5}{6}$$

四角形 ABCP は円に内接するから

$$\angle ABC+\angle APC=180°$$

よって

$$\cos\angle APC=\cos(180°-\angle ABC)=-\cos\angle ABC$$
$$=-\frac{5}{6}$$

← $\cos(180°-\theta)=-\cos\theta$

AP＝CP＝x とおくと，余弦定理により

$$x^2+x^2-2\cdot x\cdot x\cdot\cos\angle APC=(\sqrt{5})^2$$
$$2x^2+\frac{5}{3}x^2=5$$
$$x^2=\frac{15}{11}$$

$x＞0$ より

$$x=\sqrt{\frac{15}{11}}=\frac{\sqrt{165}}{11}$$

△ABC の面積は

$$\frac{1}{2}\cdot3\cdot4\cdot\sin\angle ABC=6\cdot\frac{\sqrt{11}}{6}=\sqrt{11}$$

△APC の面積の最大値は

$$\frac{1}{2}\cdot\left(\sqrt{\frac{15}{11}}\right)^2\sin\angle APC=\frac{15}{22}\cdot\frac{\sqrt{11}}{6}=\frac{5\sqrt{11}}{44}$$

よって，四角形 ABCP の面積の最大値は

← $\sin\angle ABC$
$=\sin(180°-\angle APC)$
$=\sin\angle APC$
$=\frac{\sqrt{11}}{6}$

$$\sqrt{11}+\frac{5\sqrt{11}}{44}=\frac{49\sqrt{11}}{44}$$

29

A，B は直線 OO′ に関して対称であるから

$$AH=BH=2, \quad \angle AHC=90°$$

よって，△AHC において

$$\cos\angle BAC=\frac{AH}{AC}$$

$$\therefore \quad AC=\frac{AH}{\cos\angle BAC}=2\sqrt{3}$$

△ABC＝3△ABD より　AC＝3AD

$$\therefore \quad AD=\frac{2\sqrt{3}}{3}$$

$$\sin\angle BAC=\sqrt{1-\left(\frac{\sqrt{3}}{3}\right)^2}=\frac{\sqrt{6}}{3}$$

BC＝AC＝$2\sqrt{3}$ より，△ABC に正弦定理を用いると

$$\frac{BC}{\sin\angle BAC}=2O'A \quad \therefore \quad O'A=\frac{3\sqrt{2}}{2}$$

また

$$\cos\angle BAD=\cos(180°-\angle BAC)=-\cos\angle BAC=-\frac{\sqrt{3}}{3}$$

△ABD に余弦定理を用いると

$$BD^2=4^2+\left(\frac{2}{3}\sqrt{3}\right)^2-2\cdot4\cdot\frac{2}{3}\sqrt{3}\cdot\cos\angle BAD=\frac{68}{3}$$

$$\therefore \quad BD=\frac{2\sqrt{51}}{3}$$

$\sin\angle BAD=\sin\angle BAC=\frac{\sqrt{6}}{3}$ より，△ABD に正弦定理を用いると

$$\frac{BD}{\sin\angle BAD}=2OA \quad \therefore \quad OA=\frac{\sqrt{34}}{2}$$

△OAH，△O′AH に三平方の定理を用いると

$$OO'=OH+O'H$$
$$=\sqrt{OA^2-AH^2}+\sqrt{O'A^2-AH^2}$$
$$=\sqrt{\frac{34}{4}-4}+\sqrt{\frac{18}{4}-4}$$
$$=\frac{3\sqrt{2}}{2}+\frac{\sqrt{2}}{2}$$
$$=2\sqrt{2}$$

←AC＝BC＝x とおいて，
△ABC に余弦定理を
用いて

$$x^2=x^2+4^2-2\cdot x\cdot4\cdot\frac{\sqrt{3}}{3}$$

$$\therefore \quad x=2\sqrt{3}$$

としてもよい。

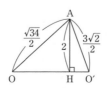

30

〔1〕 △PAB において

$$\angle APB = 180° - (75° + 45°) = 60°$$

であるから，正弦定理を用いると

$$\frac{PA}{\sin 45°} = \frac{PB}{\sin 75°} = \frac{a}{\sin 60°}, \quad \frac{a}{\sin 60°} = \frac{2}{\sqrt{3}}a$$

← $\sin 60° = \frac{\sqrt{3}}{2}$

よって

$$PA = \frac{2}{\sqrt{3}}a \cdot \sin 45° = \frac{2}{\sqrt{3}}a \cdot \frac{\sqrt{2}}{2} = \frac{\sqrt{6}}{3}a \quad (④)$$

← $\sin 45° = \frac{\sqrt{2}}{2}$

$$PB = \frac{2}{\sqrt{3}}a \cdot \sin 75° = \frac{2}{\sqrt{3}}a \cdot \frac{\sqrt{6}+\sqrt{2}}{4} = \frac{3\sqrt{2}+\sqrt{6}}{6}a \ (⑨)$$

P から直線 AB までの距離は

$$PA \cdot \sin 75° = \frac{\sqrt{6}}{3}a \cdot \frac{\sqrt{6}+\sqrt{2}}{4} = \frac{3+\sqrt{3}}{6}a \quad (⑦)$$

← P から AB に引いた垂線の
長さ。

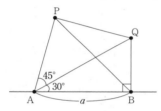

△QAB において

$$AQ = \frac{2}{\sqrt{3}}a$$

← BQ : AQ : AB = 1 : 2 : $\sqrt{3}$

$\angle PAQ = 75° - 30° = 45°$ より，△PAQ に余弦定理を用いると

$$PQ^2 = PA^2 + QA^2 - 2PA \cdot QA \cdot \cos 45°$$

$$= \left(\frac{\sqrt{6}}{3}a\right)^2 + \left(\frac{2}{\sqrt{3}}a\right)^2 - 2 \cdot \frac{\sqrt{6}}{3}a \cdot \frac{2}{\sqrt{3}}a \cdot \frac{\sqrt{2}}{2}$$

$$= \frac{2}{3}a^2$$

$$PQ = \frac{\sqrt{6}}{3}a \quad (④)$$

← $\frac{AQ}{AP} = \sqrt{2}$,

$\angle PAQ = 45°$ より
$PQ = PA$

〔2〕 $\angle ACB = 30°$ であるから，△ABC に正弦定理を用いて

$$\frac{AC}{\sin 110°} = \frac{BC}{\sin 40°} = \frac{100}{\sin 30°}, \quad \frac{100}{\sin 30°} = 200$$

三角比の表より

$$\sin 110° = \sin(180° - 70°) = \sin 70° = 0.9397$$

$$\sin 40° = 0.6428$$

であるから

$$AC = 200 \sin 110° = 200 \cdot 0.9397 ≒ 190 \quad (\text{⑤})$$

$$BC = 200 \sin 40° \quad = 200 \cdot 0.6428 ≒ 130 \quad (\text{③})$$

よって

$$PC = AC \tan 58° ≒ 188 \cdot 1.6003 ≒ 300 \quad (\text{⑥})$$

△PBC において

$$\tan \angle PBC = \frac{PC}{BC} ≒ \frac{301}{129} = 2.333\cdots\cdots$$

三角比の表より

$$\angle PBC ≒ 67° \quad (\text{①})$$

よって

$$PB = \frac{PC}{\sin 67°} ≒ \frac{301}{0.9205} ≒ 330 \quad (\text{⑧})$$

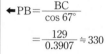

$$◀PB = \frac{BC}{\cos 67°}$$

$$= \frac{129}{0.3907} ≒ 330$$

31

△ABC の外接円の半径を R とすると $2R = 5\sqrt{5}$ であるから，正弦定理により

$$\frac{5}{\sin B} = 5\sqrt{5} \quad \therefore \quad \sin B = \frac{5}{5\sqrt{5}} = \frac{\sqrt{5}}{5}$$

$$\frac{4\sqrt{5}}{\sin C} = 5\sqrt{5} \quad \therefore \quad \sin C = \frac{4\sqrt{5}}{5\sqrt{5}} = \frac{4}{5}$$

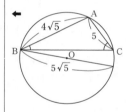

AC<AB<BC より，∠B, ∠C は鋭角であるから

$$\cos B = \sqrt{1 - \sin^2 B} = \sqrt{1 - \left(\frac{\sqrt{5}}{5}\right)^2} = \frac{2\sqrt{5}}{5}$$

$$\cos C = \sqrt{1 - \sin^2 C} = \sqrt{1 - \left(\frac{4}{5}\right)^2} = \frac{3}{5}$$

A から辺 BC に垂線を引き，BC との交点を H とすると

$$BH = AB \cos B = 4\sqrt{5} \cdot \frac{2\sqrt{5}}{5} = 8$$

$$CH = AC \cos C = 5 \cdot \frac{3}{5} = 3$$

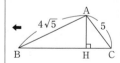

よって

$$BC = BH + CH = 8 + 3 = \mathbf{11}$$

このとき

$$AB^2 + AC^2 = (4\sqrt{5})^2 + 5^2 = 105$$

$$BC^2 = 11^2 = 121$$

であり，$AB^2 + AC^2 < BC^2$ であるから，△ABC は鈍角三角形（❷）である。

∠ABD = ∠ACD = 90° より

$$BD=\sqrt{AD^2-AB^2}=\sqrt{(5\sqrt{5})^2-(4\sqrt{5})^2}=3\sqrt{5}$$

$$CD=\sqrt{AD^2-AC^2}=\sqrt{(5\sqrt{5})^2-5^2}=10$$

よって

$$\triangle ABD=\frac{1}{2}\cdot AB\cdot BD=\frac{1}{2}\cdot 4\sqrt{5}\cdot 3\sqrt{5}=30$$

$$\triangle ACD=\frac{1}{2}\cdot AC\cdot CD=\frac{1}{2}\cdot 5\cdot 10=25$$

$\triangle ABD$ と $\triangle ACD$ の面積比は BE : CE でもあるから

$$\frac{BE}{CE}=\frac{\triangle ABD}{\triangle ACD}=\frac{6}{5}$$

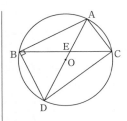

←BE : CE
　$=\triangle ABD : \triangle ACD$

$\triangle ABC$ の面積は

$$\frac{1}{2}\cdot AB\cdot BC\cdot \sin B=\frac{1}{2}\cdot 4\sqrt{5}\cdot 11\cdot \frac{\sqrt{5}}{5}=22$$

であり，$\triangle ABC$ の内接円の半径を r とすると

$$\triangle ABC=\frac{1}{2}(4\sqrt{5}+11+5)r=22$$

$$\therefore\quad r=\frac{11}{4+\sqrt{5}}=\frac{11(4-\sqrt{5})}{16-5}=4-\sqrt{5}$$

内接円と 3 辺 AB，AC，BC との接点を P，Q，R とすると，
AP＝AQ（❷），BP＝BR，CQ＝CR であり，AP＝x とおくと

$$BR=BP=4\sqrt{5}-x,\quad CR=CQ=5-x$$

よって，BC＝BR＋CR から

$$(4\sqrt{5}-x)+(5-x)=11$$

$$\therefore\quad x=2\sqrt{5}-3$$

このとき

$$BR=4\sqrt{5}-(2\sqrt{5}-3)=3+2\sqrt{5}$$

$$CR=5-(2\sqrt{5}-3)=2(4-\sqrt{5})$$

であり

$$\frac{BR}{CR}=\frac{3+2\sqrt{5}}{2(4-\sqrt{5})}=\frac{2+\sqrt{5}}{2}$$

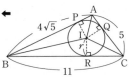

内接円の中心を I とすると
$\triangle IBC+\triangle ICA+\triangle IAB$
$=\triangle ABC$

←分母，分子に $4+\sqrt{5}$ をかけ
　て分母を有理化する。

32

余弦定理により

$$\cos\angle BAC=\frac{3^2+3^2-(\sqrt{6})^2}{2\cdot 3\cdot 3}=\frac{2}{3}$$

$$\sin\angle BAC=\sqrt{1-\cos^2\angle BAC}$$

$$=\sqrt{1-\left(\frac{2}{3}\right)^2}$$

$$=\frac{\sqrt{5}}{3}$$

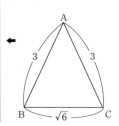

←

正弦定理により

$$R=\frac{\sqrt{6}}{2\sin\angle\mathrm{BAC}}=\frac{\sqrt{6}}{2\cdot\dfrac{\sqrt{5}}{3}}=\frac{3\sqrt{6}}{2\sqrt{5}}=\frac{3\sqrt{30}}{10}$$

三平方の定理により

$$\mathrm{OD}=\sqrt{\left(\frac{\sqrt{14}}{2}\right)^2-\left(\frac{3\sqrt{6}}{2\sqrt{5}}\right)^2}=\frac{2}{\sqrt{5}}=\frac{2\sqrt{5}}{5}$$

△ABC の面積は

$$\frac{1}{2}\cdot 3^2\cdot\sin\angle\mathrm{BAC}=\frac{9}{2}\cdot\frac{\sqrt{5}}{3}=\frac{3\sqrt{5}}{2}$$

よって，三角錐 DABC の体積は

$$\frac{1}{3}\cdot\frac{3\sqrt{5}}{2}\cdot\frac{2}{\sqrt{5}}=1$$

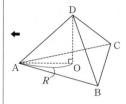

$\blacktriangleleft\dfrac{1}{3}\cdot($底面積$)\cdot($高さ$)$

また

$$\tan\angle\mathrm{OXD}=\frac{\mathrm{OD}}{\mathrm{OX}}=\frac{2}{\sqrt{5}\,\mathrm{OX}}$$

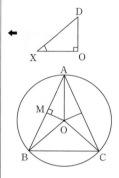

よって，OX が最大のとき $\tan\angle\mathrm{OXD}$ は最小になり，OX が最小の
とき $\tan\angle\mathrm{OXD}$ は最大になる。

OX が最大になるのは，X が A，B，C のいずれかにあるときであ
り，このとき OX＝R であるから $\tan\angle\mathrm{OXD}$ の最小値は

$$\frac{2}{\sqrt{5}\,R}=\frac{2}{\sqrt{5}}\cdot\frac{2\sqrt{5}}{3\sqrt{6}}=\frac{4}{3\sqrt{6}}=\frac{2\sqrt{6}}{9}$$

OX が最小になるのは，X が辺 AB の中点または辺 AC の中点にあ
るときである。辺 AB の中点を M とし，△AOM に三平方の定理
を用いて

$$\mathrm{OM}=\sqrt{\left(\frac{3\sqrt{6}}{2\sqrt{5}}\right)^2-\left(\frac{3}{2}\right)^2}=\frac{3}{2\sqrt{5}}$$

したがって，$\tan\angle\mathrm{OXD}$ の最大値は

$$\frac{2}{\sqrt{5}\,\mathrm{OM}}=\frac{2}{\sqrt{5}}\cdot\frac{2\sqrt{5}}{3}=\frac{4}{3}$$

$\tan\angle\mathrm{OXD}=\dfrac{4}{3}=1.333\cdots\cdots$ であり，三角比の表より

$$\tan 53°=1.3270,\quad\tan 54°=1.3764$$

であるから

$$53°<\angle\mathrm{OXD}<54°\quad(\textbf{③})$$

33

(1)　BC＝x とおき，△ABC に余弦定理を用いると

$$(\sqrt{19})^2=x^2+2^2-2\cdot x\cdot 2\cdot\cos 120°$$

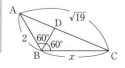

解
説

$$x^2+2x-15=0$$
$$(x+5)(x-3)=0$$

$x>0$ より　$x=3$

よって　BC$=3$

$\triangle$ABC の面積は

$$\frac{1}{2}\cdot 2\cdot 3\cdot \sin 120°=\frac{3\sqrt{3}}{2}$$

BD$=y$ とおくと

$$\triangle\text{ABD}+\triangle\text{BCD}=\triangle\text{ABC}$$ ← 面積を利用する。

$$\frac{1}{2}\cdot 2\cdot y\sin 60°+\frac{1}{2}\cdot 3\cdot y\sin 60°=\frac{3\sqrt{3}}{2}$$

$$\frac{5\sqrt{3}}{4}y=\frac{3\sqrt{3}}{2}$$

$$\therefore\quad y=\frac{6}{5}$$

$\triangle$ABD に余弦定理を用いると

$$\text{AD}^2=2^2+\left(\frac{6}{5}\right)^2-2\cdot 2\cdot\frac{6}{5}\cos 60°$$

$$=4+\frac{36}{25}-\frac{12}{5}=\frac{76}{25}$$

$$\text{AD}=\frac{2\sqrt{19}}{5}$$

(注)　$\angle$ABD$=\angle$CBD のとき，AD：DC$=$AB：BC が成り立つから ← 角の二等分線に関する定理。

$$\text{AD：DC}=2：3$$

よって　AD$=\dfrac{2}{5}$AC

$\triangle$ABE に注目すると

$$\text{AE}=\text{AB}\sin 60°=\sqrt{3}$$
$$\text{BE}=\text{AB}\cos 60°=1$$

よって，$\triangle$BCE に余弦定理を用いて

$$\text{CE}^2=3^2+1^2-2\cdot 3\cdot 1\cos 60°$$
$$=9+1-3=7$$
$$\therefore\quad \text{CE}=\sqrt{7}$$

← $\triangle$ABE は
$\angle$ABE$=60°$，$\angle$AEB$=90°$
の直角三角形。

(2)(i)　四面体 ABCD において，$\triangle$BCD を底面と考えると高さは

$$\text{AE}\sin\theta=\sqrt{3}\sin\theta\quad (\text{①})$$

になる。

高さが最大になるのは $\theta=90°$ のときであり，このとき
AE$\perp$(平面 BCD) である。

△BCD の面積は

$$\frac{1}{2}\cdot 3\cdot\frac{6}{5}\sin 60° = \frac{9\sqrt{3}}{10}$$

であるから四面体 ABCD の体積の最大値は

$$\frac{1}{3}\cdot\frac{9\sqrt{3}}{10}\cdot\sqrt{3} = \boldsymbol{\frac{9}{10}}$$

(ii)　四面体 K において，△AEC に三平方の定理を用いて

$$AC=\sqrt{(\sqrt{7})^2+(\sqrt{3})^2}=\sqrt{10}$$

△ABC に余弦定理を用いて

$$\cos\angle ABC=\frac{2^2+3^2-(\sqrt{10})^2}{2\cdot 2\cdot 3}=\frac{1}{4}$$

$$\sin\angle ABC=\sqrt{1-\left(\frac{1}{4}\right)^2}=\frac{\sqrt{15}}{4}$$

であるから

$$\triangle ABC=\frac{1}{2}\cdot 2\cdot 3\cdot\frac{\sqrt{15}}{4}=\frac{3\sqrt{15}}{4}$$

点 D から平面 ABC に下ろした垂線の長さを z とすると，四面体 K の体積を考えて

$$\frac{1}{3}\cdot\frac{3\sqrt{15}}{4}\cdot z=\frac{9}{10}$$

$$z=\boldsymbol{\frac{6\sqrt{15}}{25}}$$

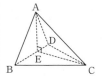

34

(1)　累積度数分布表から度数分布表を作ると，次のようになる。

←度数分布表からヒストグラムを作る。

階級（分） (以上)(未満)	階級値 （分）	度数 （人）
0〜10	5	3
10〜20	15	4
20〜30	25	5
30〜40	35	6
40〜50	45	7
50〜60	55	3
60〜70	65	2

よって，ヒストグラムは次のようになる。（**❷**）

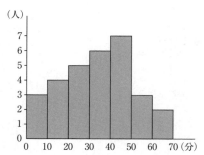

(2) 通学時間が 10 分未満の学生の相対度数は

$$\frac{3}{30}=\frac{1}{10}=0.10$$

◄ その階級の度数／全体の度数

30 分以上 40 分未満の学生の相対度数は

$$\frac{6}{30}=\frac{1}{5}=0.20$$

(3) 30 人の通学時間のデータを小さいものから順に並べると，第 1
四分位数は小さい方から 8 番目の値であり，20 分以上 30 分未満
の階級（**❷**）にある。また，第 3 四分位数は大きい方から 8 番目の
値であり，40 分以上 50 分未満の階級（**❹**）にある。

◄ 30 個のデータを
$x_1 \leqq x_2 \leqq \cdots\cdots \leqq x_{30}$
とすると
$Q_1 = x_8$，$Q_2 = \dfrac{x_{15}+x_{16}}{2}$，
$Q_3 = x_{23}$

(4) 30 人の通学時間のデータで，中央値は小さい方から 15 番目の
値と 16 番目の値の平均値であり，ともに 30〜40 分の階級にある。
よって，30 人のデータについて

最小値	……	0〜10 の階級
第 1 四分位数	……	20〜30 の階級
中央値	……	30〜40 の階級
第 3 四分位数	……	40〜50 の階級
最大値	……	60〜70 の階級

これらの値と矛盾している箱ひげ図は　**❶**，**❹**，**❺**

(5) 平均値は，各階級の最小の時間から計算すると

$$\frac{1}{30}(0\cdot3+10\cdot4+20\cdot5+30\cdot6+40\cdot7+50\cdot3+60\cdot2)$$

$$=29$$

したがって，階級値から求めた平均値は

$$a=29+5=34.0（分）$$

中央値は 30〜40 の階級にあるので，階級値 b は

$$b=35（分）$$

最頻値は 40〜50 の階級であるから，階級値 c は

◄ 度数が最も大きい階級の階級値。

$$c=45（分）$$

よって，a，b，c の大小関係は

$$a<b<c \quad （⓪）$$

35

39 人の点数を小さいもの（大きくないもの）から順に

$$x_1, \ x_2, \ x_3, \ \cdots\cdots, \ x_{38}, \ x_{39}$$

とする。

←$x_1 \leqq x_2 \leqq x_3 \leqq \cdots\cdots \leqq x_{38} \leqq x_{39}$

最小値 m，第 1 四分位数 Q_1，中央値 Q_2，第 3 四分位数 Q_3，最大値 M は

$$m=x_1, \ Q_1=x_{10}, \ Q_2=x_{20}, \ Q_3=x_{30}, \ M=x_{39}$$

となる。

←$\underbrace{1\cdots\cdots 9}_{9人} ⑩ \underbrace{11\cdots\cdots 19}_{\substack{9人 \\ 第1四分位数}}$

$⑳\cdots$中央値

$\underbrace{21\cdots\cdots 29}_{9人} ㉚ \underbrace{31\cdots\cdots 39}_{\substack{9人 \\ 第3四分位数}}$

図 1 の箱ひげ図から読み取ることができるそれぞれの値は，次の表のようになる。

	m	Q_1	Q_2	Q_3	M
A 組	25	41	53	68	91
B 組	12	28	37	59	72
C 組	25	42	61	72	93
D 組	23	38	54	74	87

(1)⓪　最高点の生徒は C 組の 93 点であるから正しくない。

　①　最低点の生徒は B 組の 12 点であるから正しくない。

　②　範囲 $(M-m)$ が最も大きいのは，C 組の 68 点であるから正しくない。

←範囲 $\cdots\cdots M-m$

四分位範囲 $\cdots\cdots Q_3-Q_1$

四分位偏差 $\cdots\cdots \dfrac{Q_3-Q_1}{2}$

　③　四分位範囲 (Q_3-Q_1) が最も大きいのは，D 組の 36 点であるから正しい。

　④　第 1 四分位数と中央値の差 (Q_2-Q_1) が最も小さいのは，B 組の 9 点であるから正しくない。

　⑤　第 3 四分位数と中央値の差 (Q_3-Q_2) が最も小さいのは，C 組の 11 点であるから正しい。

　よって，正しいものは　③，⑤

(2)・90 点以上の生徒がいるクラスは，A 組と C 組（⓪，②）。

　・20 点未満の生徒がいるクラスは，B 組（①）。

　・60 点以上の生徒が 10 人未満であるクラスは，第 3 四分位数 Q_3 が 60 点より小さい B 組（①）。

　・60 点以上の生徒が 20 人以上いるクラスは，中央値 Q_2 が 60 点より大きい C 組（②）。

　・40 点以下の生徒が 10 人未満であるクラスは，第 1 四分位数 Q_1 が 40 点より大きい A 組と C 組（⓪，②）。

・40 点以下の生徒が 20 人以上いるクラスは，中央値 Q_2 が 40 点より小さい B 組（**①**）。

(3) A 組の箱ひげ図から，第 1 四分位数（x_{10}）が 40 点以上（41 点）であり，第 3 四分位数（x_{30}）が 70 点以下（68 点）である。

40 点以上 70 点以下の人数は

最も多い場合で x_2 から x_{38} までの **37 人**

最も少ない場合で x_{10} から x_{30} までの **21 人**

$$\left\{ \begin{array}{l} x_1 = 25, \\ 40 \leqq x_2 \leqq \cdots\cdots \leqq x_{39} \leqq 70, \\ x_{39} = 91 \end{array} \right.$$

$$\left\{ \begin{array}{l} x_1 \leqq \cdots\cdots \leqq x_9 \leqq 39, \\ 40 \leqq x_{10} \leqq \cdots\cdots \leqq x_{30} \leqq 70, \\ 71 \leqq x_{31} \leqq \cdots\cdots \leqq x_{39} \end{array} \right.$$

(4) B 組の再テストの点数において

第 1 四分位数 …… $Q_1 = 33$

第 3 四分位数 …… $Q_3 = 45$

であるから

四分位範囲 …… $Q_3 - Q_1 = \textbf{12.0}$

であり

$Q_1 - 1.5 \times (Q_3 - Q_1) = 33 - 1.5 \times 12 = 15$

$Q_3 + 1.5 \times (Q_3 - Q_1) = 45 + 1.5 \times 12 = 63$

よって，外れ値は

14，67，68，70 の **4 個**

36

(1) x の 12 個のデータを小さいものから順に並べると

$$-13, \ -12, \ -8, \ -7, \ -2, \ 1, \ 4, \ 6, \ 11, \ 11, \ 16, \ 17$$

平均値は

$$\frac{1}{12} \Big\{ (-13) + (-12) + (-8) + (-7) + (-2) + 1 + 4 + 6 + 11$$
$$+ 11 + 16 + 17 \Big\}$$
$$= \frac{24}{12} = \textbf{2.0} \, (℃)$$

中央値は，小さい方から 6 番目と 7 番目の平均値であるから

$$\frac{1+4}{2} = \textbf{2.5} \, (℃)$$

第 1 四分位数は，小さい方から 3 番目と 4 番目の平均値であるから

$$\frac{(-8) + (-7)}{2} = \textbf{-7.5} \, (℃)$$

←下位のデータの中央値。

第 3 四分位数は，大きい方から 3 番目と 4 番目の平均値であるから

$$\frac{11 + 11}{2} = \textbf{11.0} \, (℃)$$

←上位のデータの中央値。

(2)　摂氏（℃）の変量を x，華氏（℉）の変量を z とすると

$$z = 1.8x + 32$$

z の平均値は

$$1.8 \times (x \text{ の平均値}) + 32 \quad (\text{①})$$

z の分散は

$$1.8^2 \times (x \text{ の分散}) \quad (\text{④})$$

z の標準偏差は

$$1.8 \times (x \text{ の標準偏差}) \quad (\text{⑥})$$

(3)　修正前と修正後で 6℃ 下がるから，平均値は

$$\frac{6}{12} = 0.5 \,(\text{℃})$$

減少する。

修正前の y の 12 個のデータのうち 27 は最も大きい値で，修正後の y の 12 個のデータのうち 21 は大きい方から 4 番目の値。したがって，修正後について

中央値は，修正前と一致し　（①）

第 1 四分位数は，修正前と一致し　（①）

第 3 四分位数は，修正前より減少する　（⓪）

また，修正後は，修正前よりデータの散らばりが減少するので

分散は，修正前より減少する　（⓪）

(4)　x と y には強い正の相関関係があるから③。

37

(1)　1 回戦の得点を小さい方から順に並べると

$$4, 13, 14\,,\ 17\,,\ 18, 19, 19\,,\ 21\,,\ 21, 23, 24\,,\ 25\,,\ 26, 28, 28$$

となるから，中央値は **21.0** 点，第 1 四分位数は **17.0** 点，第 3 四分位数は **25.0** 点である。したがって，四分位範囲は

$$25.0 - 17.0 = 8.0 \,(\text{点})$$

また

$$(\text{第 1 四分位数}) - 1.5 \times (\text{四分位範囲}) = 17 - 1.5 \times 8 = 5$$

であるから，外れ値は番号 4 の 4 になる。

(2)　1 回戦の得点の箱ひげ図は，(1)のそれぞれの値から　**①**

(3)　2 回戦の得点について，平均値からの偏差が最大であるのは，30 点（2 番，6 番）の **6.0** 点。

偏差を表にまとめると

（右段・傍注）

◀（分散）
＝（偏差の 2 乗の平均値）
◀（標準偏差）＝ $\sqrt{(\text{分散})}$

中央値より大きい値は
修正前 ……
　$14, 17, 22, 26, 27, 27$
修正後 ……
　$14, 17, 21, 22, 26, 27$
第 3 四分位数は
修正前 …… $\dfrac{22 + 26}{2} = 24$
修正後 …… $\dfrac{21 + 22}{2} = 21.5$

◀ $r = 0.99\cdots$ となる。

◀第 1 四分位数 …… 17.0
　中央値　　　…… 21.0
　第 3 四分位数 …… 25.0

得点	偏差(点)	人数
30	6	2
28	4	1
24	0	3
22	−2	1
20	−4	2
18	−6	1

よって，分散 A の値は

$$\frac{1}{10}\left\{6^2\cdot2+4^2\cdot1+0^2\cdot3+(-2)^2\cdot1+(-4)^2\cdot2+(-6)^2\cdot1\right\}=\mathbf{16.0}$$

標準偏差 B の値は

$$\sqrt{16.0}=\mathbf{4.0}\,(点)$$

(4) 3回戦の得点と偏差を表にすると

得点	偏差(点)
C	x
D	y
27	1
23	−3
30	4
23	−3

平均値について

$$x+y+1+(-3)+4+(-3)=0$$

$$\therefore\quad x+y=\mathbf{1}$$

分散について

$$\frac{1}{6}\left\{x^2+y^2+1^2+(-3)^2+4^2+(-3)^2\right\}=8$$

$$\therefore\quad x^2+y^2=\mathbf{13}$$

(5) $x>y$ より

$$x=3,\ y=-2$$

よって

C は $26+3=\mathbf{29}\,(点)$

D は $26-2=\mathbf{24}\,(点)$

y を消去すると
$$x^2+(1-x)^2=13$$
$$x^2-x-6=0$$
$$(x-3)(x+2)=0$$
$$x=3,\ -2$$
$x=3$ のとき $y=-2$
$x=-2$ のとき $y=3$

38

(1)⓪ 1回目の得点が7点，8点，9点の生徒の2回目の得点は，
それぞれ8点，10点，9点であるから正しくない。

① 1回目の得点が5点以上の生徒は6人いるから正しくない。

② 1回目の得点が4点で，2回目の得点が5点の生徒がいるか
ら正しくない。

③ 2回目の得点が1回目の得点より小さい生徒は2人いるから

正しい。

④　1回目の得点が2点で，2回目の得点が6点の生徒がいるから正しくない。

⑤　6点以上の得点をとった生徒は，1回目は3人，2回目は7人いるから正しい。

⑥　4点以下の得点をとった生徒は，1回目は14人，2回目は7人いるから正しくない。

よって，正しいものは　③，⑤

(2)　得点の度数分布表は次のようになる。

	1回目	2回目
0	2	0
1	1	2
2	1	0
3	2	3
4	8	2
5	3	6
6	0	4
7	1	0
8	1	1
9	1	1
10	0	1

第1四分位数は，得点の小さい方から5番目と6番目の平均値であり，第3四分位数は得点の大きい方から5番目と6番目の平均値である。最小値，中央値，最大値も含めてまとめると次のようになる。

←データの個数は20個。

	1回目	2回目
最小値	0	1
第1四分位数	3.0	3.5
中央値	4.0	5.0
第3四分位数	5.0	6.0
最大値	9	10

これらの値に対応する箱ひげ図は

1回目 …… ⓪　　2回目 …… ⑤

(3)　相関係数の値は

$$\frac{4.3}{\sqrt{5.0}\,\sqrt{5.0}}=\frac{4.3}{5.0}=0.86$$

←（相関係数）$=\dfrac{s_{xy}}{s_x s_y}$

$s_x\cdots$1回目の標準偏差

$s_y\cdots$2回目の標準偏差

$s_{xy}\cdots$1回目と2回目の共分散

(注)　1回目の得点の分散は

$$\frac{1}{20}\Big\{(0-4)^2\cdot2+(1-4)^2\cdot1+(2-4)^2\cdot1+(3-4)^2\cdot2$$

$$+(4-4)^2\cdot8+(5-4)^2\cdot3+(7-4)^2\cdot1+(8-4)^2\cdot1+(9-4)^2\cdot1\Big\}$$

$$=\frac{1}{20}(32+9+4+2+3+9+16+25)=5.0$$

2回目の得点の分散は

$$\frac{1}{20}\Big\{(1-5)^2\cdot2+(3-5)^2\cdot3+(4-5)^2\cdot2+(5-5)^2\cdot6$$

$$+(6-5)^2\cdot4+(8-5)^2\cdot1+(9-5)^2\cdot1+(10-5)^2\cdot1\Big\}$$

$$=\frac{1}{20}(32+12+2+0+4+9+16+25)=5.0$$

1回目の得点が4点，または2回目の得点が5点である10人を除いた残りの10人について，1回目の得点を x，2回目の得点を y として，その平均値を $\overline{x}=4$，$\overline{y}=5$ とすると，次の表を得る。

←1回目が4点，または2回目が5点の場合
$(x-\overline{x})(y-\overline{y})$ の値は0になる。

x	y	$x-\overline{x}$	$y-\overline{y}$	$(x-\overline{x})(y-\overline{y})$	人数
0	1	-4	-4	16	2
1	3	-3	-2	6	1
2	6	-2	1	-2	1
3	6	-1	1	-1	1
5	6	1	1	1	2
7	8	3	3	9	1
8	10	4	5	20	1
9	9	5	4	20	1

よって，共分散は

$$\frac{1}{20}\Big\{16\cdot2+6+(-2)+(-1)+1\cdot2+9+20+20\Big\}=4.3$$

(4) 変数変換 $Z=aY+b$ を行うことによって
・Z の分散は，Y の分散の a^2 倍　（**⑤**）
・Z の標準偏差は，Y の標準偏差の $\sqrt{a^2}=|a|$ 倍　（**③**）
・X と Z の共分散は，X と Y の共分散の a 倍　（**⓪**）
・X と Z の相関係数は，X と Y の相関係数の $\dfrac{a}{|a|}$ 倍　（**⑧**）

←$a>0$ のときは1倍，$a<0$ のときは-1倍。

39

(1) 中央値に注目すると，表1から
　　　　60 …… B，C　　　65 …… A，D
図1から
　　　　60 …… ⓪，③　　　65 …… ①，②
⓪，③ではデータの散らばりが③の方が大きいから，③の方が標準偏差が大きいと考えられる。よって
　　　　⓪ …… B　　　③ …… C
①，②ではデータの散らばりが②の方が大きいから，②の方が標準偏差が大きいと考えられる。よって
　　　　① …… D　　　② …… A
したがって

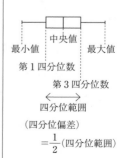

最小値　中央値　最大値
第1四分位数
第3四分位数
←→
四分位範囲
（四分位偏差）
$=\dfrac{1}{2}$（四分位範囲）

A組は **②**　　C組は **③**

(2) (1)より A，B，C，D の箱ひげ図は，次のようになる。

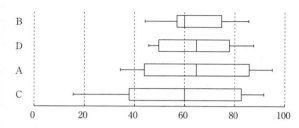

最小値が最も小さい組は　　　　　　C（**②**）
第1四分位数が最も小さい組は　　　C（**②**）
第3四分位数が最も小さい組は　　　B（**①**）
最大値が最も大きい組は　　　　　　A（**⓪**）
四分位範囲が最も小さい組は　　　　B（**①**）

(3) B組は標準偏差が最も小さいことと人数が 20 人であることから，ヒストグラムは　**⓪**

　　C組は標準偏差が最も大きいことと人数が 25 人であることから，ヒストグラムは　**③**

◀20 人のデータのヒストグラムは⓪，②
　25 人のデータのヒストグラムは①，③

(4) B組と C組を合わせた 45 人の平均値は

$$\frac{64\cdot20+58\cdot25}{45}=\frac{182}{3}=60.66\cdots\cdots\fallingdotseq\mathbf{60.7}$$

B組と C組は中央値がともに 60 であるから，B組の 20 人中，点数の小さい方から 10 番目と 11 番目の平均値が 60 点であり，C組の 25 人中，点数の小さい方から 13 番目の人の点数が 60 点である。したがって，B組と C組を合わせた 45 人中，点数の小さい方から 23 番目の人の点数は 60 点である。よって，中央値は 60 である（**①**）。

(5) B組の 20 人の点数を b_1，b_2，……，b_{20} とすると

$$\frac{1}{20}(b_1{}^2+b_2{}^2+\cdots\cdots+b_{20}{}^2)-64^2=12^2$$

◀B 組の分散。

$$\therefore\quad\frac{1}{20}(b_1{}^2+b_2{}^2+\cdots\cdots+b_{20}{}^2)=\mathbf{4240.0}$$

D組の 25 人の点数を d_1，d_2，……，d_{25} とすると

$$\frac{1}{25}(d_1{}^2+d_2{}^2+\cdots\cdots+d_{25}{}^2)-64^2=14^2$$

◀D 組の分散。

$$\therefore\quad\frac{1}{25}(d_1{}^2+d_2{}^2+\cdots\cdots+d_{25}{}^2)=\mathbf{4292.0}$$

B組，D組の合わせた 45 人の平均値は 64 であるから，分散は

$$\frac{1}{45}(4240\cdot20+4292\cdot25)-64^2=\frac{38420}{9}-4096$$

$$=172.88\cdots\cdots\fallingdotseq\mathbf{172.9}$$

40

(1)　仮平均を 45 として，45 からの差の平均を求めると　　　　　　　　　　←仮平均を利用する。

$$\frac{1}{10}\Big\{0+7+2+4+6+14+10+(-4)+0+(-5)\Big\}=3.4$$

よって，平均値 A は

$$45+3.4=\mathbf{48.4}\,(\mathrm{cm})$$

2 つのグループはともに 10 人であるから，20 人全員の平均値 M は

$$\frac{1}{2}(48.4+49.6)=\mathbf{49.0}\,(\mathrm{cm})$$

50 回以上が第 1 グループに 4 人，第 2 グループに 6 人，49 回以下が第 1 グループに 6 人，第 2 グループに 4 人いるから，20 人全員を回数の小さい順に並べたとき，10 番目が 49，11 番目が 50 になる。したがって，中央値は **49.5**(cm)。

(2)　第 2 グループの腹筋について，平均値 53 からの差を全部加えると

$$(\mathrm{B}-53)+3+(-15)+7+0+(-10)+(-3)+(\mathrm{C}-53)$$
$$+3+13=0$$

よって，B，C の値の和は

$$\mathrm{B}+\mathrm{C}=\mathbf{108}$$

B＞C より，B≧56，C≦52 とすると，第 2 グループ 10 人の腹筋回数を小さい方から並べたとき，5 番目が 53，6 番目が 56 になり，　　←38，43，50，53，56，56，

中央値は $\frac{1}{2}(53+56)=54.5$ になるので適さない。　　　　　　　　　　60，66

B＝55，C＝53 とすると，中央値は $\frac{1}{2}(55+53)=54$ となり適する。よって，B の値は **55**，C の値は **53**。

(3)　最小値，第 1 四分位数，中央値，第 3 四分位数，最大値を表にまとめると

	第1グループ		第2グループ	
	垂直跳び	腹筋	垂直跳び	腹筋
最小値	40	40	45	38
第1四分位数	45	47	45	50
中央値	48	50.5	50	54
第3四分位数	52	56	52	56
最大値	59	60	59	66
箱ひげ図	2	1	3	0

　よって，第1グループの垂直跳びの箱ひげ図は**②**，腹筋の箱ひげ
図は**①**

(4)　2つのグループの垂直跳びについて，各値 x を大きい方から並
べ，偏差とその2乗を表にすると

第1グループ

x	$x-M$	$(x-M)^2$
59	10	100
55	6	36
52	3	9
51	2	4
49	0	0
47	-2	4
45	-4	16
45	-4	16
41	-8	64
40	-9	81
計	-6	**330**

第2グループ

x	$x-M$	$(x-M)^2$
59	10	100
52	3	9
52	3	9
50	1	1
50	1	1
50	1	1
48	-1	1
45	-4	16
45	-4	16
45	-4	16
計	6	170

　よって，20人の垂直跳びの分散は

$$\frac{1}{20}(330+170)=25$$

であるから，標準偏差 S の値は

$$S=\sqrt{25}=\textbf{5.0}\,(\text{回})$$

(5)　$t=1$ のとき，$M-S=44$，$M+S=54$ より

　　　45以上，53以下は　**15**人

　　$t=2$ のとき　$M-2S=39$，$M+2S=59$ より

　　　40以上，58以下は　**18**人

(6)　散布図より，弱い正の相関関係があると考えられるから，適当
な相関係数は 0.3　（**②**）

41

(1)　1回目の数学の得点について

　　平均値からの差(偏差)を考えて

　　　　$(-11)+(-3)+(-5)+10+4+(A-65)+20+(-7)$
　　　　$+(-4)+(-2)=0$

←第2グループの腹筋の箱ひ
げ図において，38と66は
外れ値になる。

←$M=49$，$S=5$

←$\dfrac{15}{20}=0.75$

←$\dfrac{18}{20}=0.9$

←実際に求めると
　0.2894…… となる。

解
説

∴ A＝63

得点の小さい方から順に並べると

54, 58, 60, 61, 62, 63, 63, 69, 75, 85,

第1四分位数は，小さい方から3番目であるから **60.0** 点

第3四分位数は，大きい方から3番目であるから **69.0** 点

四分位偏差は $\frac{1}{2}(69-60)=$ **4.5**（点）

(2) B以外の得点を小さい方から並べると

48, 51, 55, 57, 58, 63, 68, 69, 83

Bを含めた10人の中央値は

◀中央値は5番目と6番目の
値の平均値。

$0 \leqq B \leqq 57$ のとき　$M=\dfrac{57+58}{2}=57.5$

$B=58$ のとき　$M=\dfrac{58+58}{2}=58$

$59 \leqq B \leqq 62$ のとき　$M=\dfrac{58+B}{2}$ $\left(\begin{array}{l}B=59,\ 60,\ 61,\ 62 \\ \text{の4通りある}\end{array}\right)$

$63 \leqq B \leqq 100$ のとき　$M=\dfrac{58+63}{2}=60.5$

よって，M の値は **7** 通りの値があり得る。

平均値Cが61.0より，平均値からの差を考えて

$(-4)+7+(-3)+8+(B-61)+(-13)+(-6)+22$
$\quad +(-10)+2=0$

∴ B＝**58**

中央値は　**58.0** 点

(3) I班の2回目の数学の得点を x，英語の得点を y とおき，
その平均値をそれぞれ $\overline{x}=46$，$\overline{y}=51$ とすると，次の表を得る。

番号	x	y	$x-\overline{x}$	$y-\overline{y}$	$(x-\overline{x})(y-\overline{y})$
1	30	54	-16	3	-48
2	56	63	10	12	120
3	58	42	12	-9	-108
4	49	61	3	10	30
5	37	35	-9	-16	144
合計	230	255	0	0	138
平均値	46	51			27.6

x と y の共分散は　27.6

よって，相関係数は

$$\frac{27.6}{\sqrt{118}\sqrt{118}}=\frac{27.6}{118}=0.233\cdots\cdots\fallingdotseq \textbf{0.23}$$

(4)　1回目の散布図は　**③**

　　2回目の散布図は　**⓪**

(5)　採点基準を変更した後のクラス全体の合計点は変わらないので，
　　平均値は変更前と一致する(**⓪**)。また，得点の散らばりの度合い
　　は大きくなるので，分散は変更前より増加する(**②**)。

42

〔1〕　　仮説 H_1：A チームは強くなった　　　　　　　　←H_1：対立仮説

　　に対して

　　　　　　仮説 H_0：A，B 両チームの実力は同じである　←H_0：帰無仮説

　　とする。

　　H_0 が正しいとする。実験結果より，30 枚の硬貨を投げて表が 20
　　枚以上出る割合は

$$3.2+1.4+1.0+0.1+0.1=5.8\%$$

　　であるから，30 試合中，A が 20 勝以上になる確率は約 5.8% で
　　あると考えられる。5.8% は基準となる確率 5% より大きいので，
　　H_0 は否定できない。

　　よって，A チームが強くなったとは判断できない(**⓪**)。　　←H_0 を否定できない。

　　また，5.8% は 1% より大きいので，基準となる確率を 1% とし
　　た場合も，A チームが強くなったとは判断できない(**⓪**)。　←H_0 を否定できない。

〔2〕　　仮説 H_1：当たりくじが入っている割合は $\dfrac{1}{6}$ より小さい　←H_1：対立仮説

　　に対して

　　　　　仮説 H_0：当たりくじが入っている割合は $\dfrac{1}{6}$ である　←H_0：帰無仮説

　　とする。

　　H_0 が正しいとする。実験結果より，30 個のサイコロを投げて 1
　　の目が 1 個以下である度数は，2+5=**7** であり，その割合は

$$\frac{7}{250}=0.028$$

　　であるから，くじを 30 回引いて当たりが 1 回以下である確率は
　　約 2.8% であると考えられる。2.8% は 5% より小さいので，H_0
　　は正しくない。つまり H_1 が正しいと考えられる。

　　よって，当たりくじが入っている割合は $\dfrac{1}{6}$ より小さいと判断で　←H_0 を否定できる。

　　きる(**⓪**)。

　　また，2.8% は 1% より大きいので，基準となる確率を 1% とす
　　ると，H_0 は否定できない。

　　よって，当たりくじが入っている割合は $\dfrac{1}{6}$ より小さいと判断す　←H_0 を否定できない。

　　ることはできない(**②**)。

43

当たりくじ（○）	4本
はずれくじ（×）	6本

(1) くじの引き方は全部で $_{10}C_3=120$（通り）ある。このうち，当たりくじを 1 本，はずれくじを 2 本引く引き方は $_4C_1 \cdot _6C_2=60$（通り）であるから

$$p_1=\frac{60}{120}=\frac{1}{2}$$

← くじはすべて異なるものと考える。

はずれくじを 3 本引くのは $_6C_3=20$（通り）であるから，余事象を考えると，当たりくじを少なくとも 1 本引く確率は

$$p_2=1-\frac{20}{120}=\frac{5}{6}$$

← 余事象の確率。

よって，当たりくじを引いたという条件のもとで，当たりくじが 1 本であるという条件付き確率は

$$\frac{p_1}{p_2}=\frac{3}{5}$$

← 条件付き確率。

(2) 箱からくじを 1 本引くとき

当たりくじを引く確率は $\dfrac{4}{10}=\dfrac{2}{5}$

はずれくじを引く確率は $\dfrac{6}{10}=\dfrac{3}{5}$

3 回のうち，当たりくじを 1 回，はずれくじを 2 回引く確率は

$$q_1=_3C_1 \cdot \frac{2}{5}\left(\frac{3}{5}\right)^2=\frac{54}{125} \quad \text{（③）}$$

← 反復試行の確率。
$\begin{cases} ○×× \\ ×○× \\ ××○ \end{cases}$

3 回ともはずれくじを引く確率は

$$\left(\frac{3}{5}\right)^3=\frac{27}{125}$$

であるから，当たりくじを少なくとも 1 回引く確率は

$$q_2=1-\frac{27}{125}=\frac{98}{125} \quad \text{（⑥）}$$

(3)・1 回目に当たりくじを引くとき，2 回目ははずれくじを 2 本引くので，その確率は

$$\frac{4}{10} \cdot \frac{_6C_2}{_{10}C_2}=\frac{2}{15}$$

← ○ $-\begin{matrix} × \\ × \end{matrix}$

・1 回目にはずれくじを引くとき，2 回目は当たりくじとはずれくじを 1 本ずつ引くので，その確率は

← × $-\begin{matrix} ○ \\ × \end{matrix}$

$$\frac{6}{10}\cdot\frac{{}_4C_1\cdot{}_6C_1}{{}_{10}C_2}=\frac{8}{25}$$

よって，当たりくじが1本だけである確率は

$$r_1=\frac{2}{15}+\frac{8}{25}=\frac{34}{75}\quad(\mathbf{7})$$

1回目にはずれくじを引き，2回目にはずれくじを2本引く確率は

← $\times-\dfrac{\times}{\times}$

$$\frac{6}{10}\cdot\frac{{}_6C_2}{{}_{10}C_2}=\frac{1}{5}$$

よって，当たりくじを少なくとも1本引く確率は

$$r_2=1-\frac{1}{5}=\frac{4}{5}\quad(\mathbf{②})$$

当たりくじを引いたという条件のもとで，当たりくじが1本だけであるという条件付き確率は

$$\frac{r_1}{r_2}=\frac{17}{30}\quad(\mathbf{③})$$

(4)　$p_1=0.5$，$q_1=0.432$，$r_1=0.453\cdots\cdots$であるから

　　　$p_1>r_1>q_1$　(**①**)

　　　$p_2=0.833\cdots\cdots$，$q_2=0.784$，$r_2=0.8$であるから

　　　$p_2>r_2>q_2$　(**①**)

44

(1)　A，Bそれぞれグー，チョキ，パーの3通りの手の出し方があるから，2人の手の出し方は計3^2通りある。

Aが勝つ手の出し方は

　　　（Aの出す手，Bの出す手）

　　　＝（グー，チョキ），（チョキ，パー），（パー，グー）

の3通りある。

よって，Aが勝つ確率は

$$\frac{3}{3^2}=\frac{1}{3}\quad(\mathbf{⓪})$$

同様に，Bが勝つ確率も$\dfrac{1}{3}$であるから，2人で1回ジャンケンをしてどちらかが勝つ確率は　$\dfrac{1}{3}+\dfrac{1}{3}=\dfrac{2}{3}$

したがって，余事象を考えて，あいこになる確率は

$$1-\frac{2}{3}=\frac{1}{3}\quad(\mathbf{⓪})$$

← あいこになるのはA，B2人が同じ手を出すときであるから，確率は$\dfrac{3}{3^2}=\dfrac{1}{3}$とすることもできる。

(2)　A，B，Cそれぞれグー，チョキ，パーの3通りの手の出し方

があるから，3人の手の出し方は計3^3通りある。

A1人だけが勝つ手の出し方は

（Aの出す手，Bの出す手，Cの出す手）

＝（グー，チョキ，チョキ），（チョキ，パー，パー），

（パー，グー，グー）

の3通りある。

よって，A1人だけが勝つ確率は

$$\frac{3}{3^3}=\frac{1}{9}\quad (\textbf{②}) \qquad\qquad \cdots\cdots ①$$

A，B2人だけが勝ち，Cが負ける手の出し方は

（Aの出す手，Bの出す手，Cの出す手）

＝（グー，グー，チョキ），（チョキ，チョキ，パー），

（パー，パー，グー）

の3通りである。

よって，A，B2人だけが勝つ確率は

$$\frac{3}{3^3}=\frac{1}{9}\quad (\textbf{②}) \qquad\qquad \cdots\cdots ②$$

←C1人だけが負けるときで
あり，確率は①と同じ $\dfrac{1}{9}$

①と同様に，B，C1人だけが勝つ確率もそれぞれ $\dfrac{1}{9}$

よって，1人だけが勝つ確率は $\dfrac{1}{9}+\dfrac{1}{9}+\dfrac{1}{9}=\dfrac{1}{3}$

②と同様に，B，C：C，A2人だけが勝つ確率もそれぞれ $\dfrac{1}{9}$

よって，2人だけが勝つ確率は $\dfrac{1}{9}+\dfrac{1}{9}+\dfrac{1}{9}=\dfrac{1}{3}$

したがって，余事象を考えて，あいこになる確率は

$$1-\frac{1}{3}-\frac{1}{3}=\frac{1}{3}\quad (\textbf{⓪})$$

←3人が同じ手を出す場合
（3通り）と，3人3様の手
を出す場合($3!$ 通り)に分け
て考えてもよい。

(3)　4人の手の出し方は 3^4 通りある。

1人だけが勝つのは，勝者の選び方が $_4C_1$ 通り，手の出し方は3
通りあるので，1人だけが勝つ確率は

←勝者を選ぶ。
手の出し方は3通り。

$$\frac{_4C_1\cdot3}{3^4}=\frac{4}{27}$$

2人だけが勝つのは，勝者の選び方が $_4C_2$ 通り，手の出し方は3
通りあるので，2人だけが勝つ確率は

$$\frac{_4C_2\cdot3}{3^4}=\frac{2}{9}$$

3人が勝つのは，勝者の選び方が $_4C_3$ 通り，手の出し方は3通り
あるので，3人が勝って1人が負ける確率は

$$\frac{{}_4C_3 \cdot 3}{3^4} = \frac{4}{27}$$

したがって，余事象を考えると，あいこになる確率は

$$1 - \left(\frac{4}{27} + \frac{2}{9} + \frac{4}{27}\right) = \frac{13}{27}$$

（注） n 人でジャンケンをするとき，手の出し方は全部で 3^n 通りある。このうち，勝負が決まるのは，n 人が 2 種の手を出す場合である。

2 種の手の選び方が ${}_3C_2$ 通りあり，n 人の手の出し方は，（全員が同じ手を出す 2 通りを除いて）$2^n - 2$ 通りある。

よって，勝負が決まる確率は

$$\frac{{}_3C_2(2^n - 2)}{3^n} = \frac{2^n - 2}{3^{n-1}}$$

余事象を考えると，あいこになる確率は

$$1 - \frac{2^n - 2}{3^{n-1}} = \frac{3^{n-1} - 2^n + 2}{3^{n-1}}$$

(4)　(3)より，X のとる値とその確率は，次の表のようになる。

X	0	1	2	3	計
$P(X)$	$\dfrac{13}{27}$	$\dfrac{4}{27}$	$\dfrac{6}{27}$	$\dfrac{4}{27}$	1

よって，X の期待値は

$$0 \cdot \frac{13}{27} + 1 \cdot \frac{4}{27} + 2 \cdot \frac{6}{27} + 3 \cdot \frac{4}{27} = \frac{28}{27}$$

(5)　3 回目のジャンケンで 1 人の勝者が決まるのは，次の 3 つの場合がある。

```
        1回目        2回目        3回目
                 アイコ      1人勝つ
           ┌→ 3人 ───→ 3人 ───→ 1人 ……(i)
      アイコ │    アイコ      2人勝つ    1人勝つ
  3人 ─────┤→ 3人 ───→ 2人 ───→ 1人 ……(ii)
      2人勝つ↓    アイコ      1人勝つ
           └→ 2人 ───→ 2人 ───→ 1人 ……(iii)
```

(i)の確率は

$$\frac{1}{3} \cdot \frac{1}{3} \cdot \frac{1}{3} = \frac{1}{27}$$

(ii)の確率は

$$\frac{1}{3} \cdot \frac{1}{3} \cdot \frac{2}{3} = \frac{2}{27}$$

(iii)の確率は

$$\frac{1}{3}\cdot\frac{1}{3}\cdot\frac{2}{3}=\frac{2}{27}$$

(i)(ii)(iii)は排反であるから

$$\frac{1}{27}+\frac{2}{27}+\frac{2}{27}=\frac{5}{27}$$

45

(1)　3回とも赤球を取り出す確率は

$$\left(\frac{2}{6}\right)^{3}=\frac{1}{27}$$

白，青，赤の順に取り出す確率は

$$\frac{2}{6}\cdot\frac{2}{6}\cdot\frac{2}{5}=\frac{2}{45}$$

←青球は戻さない。

青，青，赤の順に取り出す確率は

$$\frac{2}{6}\cdot\frac{1}{5}\cdot\frac{2}{4}=\frac{1}{30}$$

青，赤，青の順に取り出す場合と，赤，青，青の順に取り出す場合も考えて，2回青，1回赤を取り出す確率は

←赤球を何回目に取り出すかで分けて考える。

$$\frac{1}{30}+\frac{2}{6}\cdot\frac{2}{5}\cdot\frac{1}{5}+\frac{2}{6}\cdot\frac{2}{6}\cdot\frac{1}{5}=\frac{37}{450}$$

(2)　2回目に1の球を取り出す確率は，1回目に取り出した球の色が赤または白の場合と，青の場合でそれぞれ

$$\frac{4}{6}\cdot\frac{3}{6}=\frac{1}{3},\ \ \frac{2}{6}\cdot\frac{3}{5}=\frac{1}{5}$$

よって

$$\frac{1}{3}+\frac{1}{5}=\frac{8}{15}$$

3回とも2である確率は，1回目，2回目の色について
　　(白，白)，(白，青)，(青，白)，(青，青)
の4つの場合があり，それぞれ

←例えば，(白，青)のときは

$$\frac{1}{6}\cdot\frac{1}{6}\cdot\frac{3}{6}=\frac{1}{72},\ \ \frac{1}{6}\cdot\frac{2}{6}\cdot\frac{2}{5}=\frac{1}{45},$$

1回目 W₂ ……$\frac{1}{6}$

$$\frac{2}{6}\cdot\frac{1}{5}\cdot\frac{2}{5}=\frac{2}{75},\ \ \frac{2}{6}\cdot\frac{1}{5}\cdot\frac{1}{4}=\frac{1}{60}$$

2回目 B₂ ……$\frac{2}{6}$

よって

3回目 W₂ または B₂ ……$\frac{2}{5}$

$$\frac{1}{72}+\frac{1}{45}+\frac{2}{75}+\frac{1}{60}=\frac{143}{1800}$$

46

(1) A を通るのは，硬貨を 3 回投げて表が 2 回，裏が 1 回出るときであるから，確率は

$$_3C_2\left(\frac{1}{2}\right)^2\cdot\frac{1}{2}=\frac{3}{8} \qquad\qquad\cdots\cdots①$$

← 4 回目以降は考えなくてよい。

B を通るのは，硬貨を 7 回投げて表が 4 回，裏が 3 回出るときであるから，確率は

$$_7C_4\left(\frac{1}{2}\right)^4\left(\frac{1}{2}\right)^3=\frac{35}{128} \qquad\qquad\cdots\cdots②$$

← 8 回目は考えなくてよい。

A も B も通るのは，硬貨を 7 回投げて 3 回目までに表が 2 回，裏が 1 回出て，残り 4 回で表が 2 回，裏が 2 回出るときであるから

$$_3C_2\left(\frac{1}{2}\right)^2\cdot\frac{1}{2}\cdot{}_4C_2\left(\frac{1}{2}\right)^2\left(\frac{1}{2}\right)^2=\frac{9}{64} \qquad\cdots\cdots③$$

A を通り，B を通らない確率は，①，③より

$$\frac{3}{8}-\frac{9}{64}=\frac{15}{64} \qquad\qquad\cdots\cdots④$$

A を通るか，または B を通る確率は，②，④より

$$\frac{35}{128}+\frac{15}{64}=\frac{65}{128}$$

よって，A も B も通らない確率は

$$1-\frac{65}{128}=\frac{63}{128}$$

A：A を通る事象
B：B を通る事象

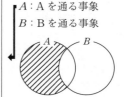

$P(A\cap\overline{B})$
$=P(A)-P(A\cap B)$
$P(A\cup B)$
$=P(A\cap\overline{B})+P(B)$

(2) A を通ったとき，B を通る条件付き確率は，A に到達した後の 4 回目から 7 回目までの 4 回で表が 2 回，裏が 2 回出るときであるから

$$_4C_2\left(\frac{1}{2}\right)^2\left(\frac{1}{2}\right)^2=\frac{3}{8}$$

A を通るという条件の下での条件付き確率。

$$P_A(B)=\frac{P(A\cap B)}{P(A)}$$
$$=\frac{\dfrac{9}{64}}{\dfrac{3}{8}}=\frac{3}{8}$$

B を通ったとき，A を通っている条件付き確率は，②，③より

$$\frac{\dfrac{9}{64}}{\dfrac{35}{128}}=\frac{18}{35}$$

← B を通ったという条件の下での条件付き確率。

$$P_B(A)=\frac{P(A\cap B)}{P(B)}$$

(3) A を通り，B を通らない確率は，④より　$\dfrac{15}{64}$

B を通り，A を通らない確率は，②，③より

$$\frac{35}{128}-\frac{9}{64}=\frac{17}{128}$$

← $P(\overline{A}\cap B)$
　$=P(B)-P(A\cap B)$

解
説

A も B も通る確率は，③より $\dfrac{9}{64}$

よって，得点の期待値は

$$0 \cdot \dfrac{63}{128} + 1 \cdot \dfrac{15}{64} + 1 \cdot \dfrac{17}{128} + 2 \cdot \dfrac{9}{64} = \dfrac{83}{128} \text{ (点)}$$

(注)

得点	0	1	2	計
確率	$\dfrac{63}{128}$	$\dfrac{15}{64} + \dfrac{17}{128}$	$\dfrac{9}{64}$	1

47

(1) 三角形の個数は

$$_{12}C_3 = \mathbf{220} \text{ (個)}$$

このうち，正三角形は

$$\triangle P_1 P_5 P_9, \quad \triangle P_2 P_6 P_{10}, \quad \triangle P_3 P_7 P_{11}, \quad \triangle P_4 P_8 P_{12}$$

の 4 個。

直角二等辺三角形は一つの直径に対し 2 個ある。

直径は $P_1 P_7$，$P_2 P_8$，$P_3 P_9$，$P_4 P_{10}$，$P_5 P_{11}$，$P_6 P_{12}$ の 6 つあるから，直角二等辺三角形は

$$2 \cdot 6 = \mathbf{12} \text{ (個)}$$

← P_1，P_2，……，P_{12} のうちどの 3 点も同一直線上にないから，異なる 3 点を選べば三角形ができる。

← 直径が斜辺。

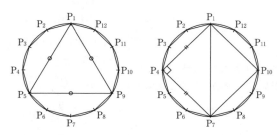

(2) P_i ($i = 1, 2, \dots, 12$) を頂角に対する頂点とする二等辺三角形は(正三角形を除いて)4 個あるから，正三角形でない二等辺三角形は $4 \cdot 12 = 48$ (個)あり，確率は

$$\dfrac{48}{220} = \dfrac{12}{55}$$

直角三角形の斜辺は円の直径であり，一つの直径に対して直角三角形(直角二等辺三角形も含めて)は 10 個あるから $10 \cdot 6 = 60$(個)あり，確率は

$$\dfrac{60}{220} = \dfrac{3}{11}$$

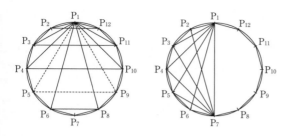

(3)　正三角形を含めた二等辺三角形は，(1)，(2)より

　　　$48+4=52$（個）

　このうち，直角三角形は直角二等辺三角形であるから，(1)より
12 個ある。したがって，求める条件付き確率は

　　$\dfrac{12}{52}=\dfrac{3}{13}$

　また，正三角形は 4 個であるから，求める条件付き確率は

　　$\dfrac{4}{52}=\dfrac{1}{13}$

◀場合の数から条件付き確率
　を求める。

(4)　正三角形になる確率は，(1)より

　　$\dfrac{4}{220}=\dfrac{1}{55}$

　正三角形でない二等辺三角形になる確率は，(2)より　$\dfrac{12}{55}$

　よって，正三角形でも二等辺三角形でもない確率は

　　$1-\left(\dfrac{1}{55}+\dfrac{12}{55}\right)=\dfrac{42}{55}$

　ポイントの期待値は

　　$1\cdot\dfrac{42}{55}+2\cdot\dfrac{12}{55}+3\cdot\dfrac{1}{55}=\dfrac{69}{55}$（ポイント）

(注)

ポイント	1	2	3	計
確率	$\dfrac{42}{55}$	$\dfrac{12}{55}$	$\dfrac{1}{55}$	1

48

赤球を Ⓡ，青球を Ⓑ，白球を Ⓦ で表す。

　　　ⓇⓇ ……5 点　　　ⒷⒷ ……3 点　　　ⓌⓌ ……1 点

(1)　同じ色の組が 2 組あるとき

　　　ⓇⓇ ⒷⒷ ……8 点

　　　ⓇⓇ ⓌⓌ ……6 点

Ⓑ Ⓑ Ⓦ Ⓦ ……4点

Ⓦ Ⓦ Ⓦ Ⓦ ……2点

よって，X の最大値は **8**，最小値は **2**

同じ色の組が1組のときは $X=5$，3，1であるから，X のとり

得る値は **7** 通り。

←$X=0$ になることはない。

(2) すべての取り出し方は

$$_9C_4=\frac{9\cdot8\cdot7\cdot6}{4\cdot3\cdot2\cdot1}=126 \text{（通り）}$$

$X=8$ となるのは Ⓡ Ⓡ Ⓑ Ⓑ を取り出すときであるから

$$_2C_2\cdot{_3}C_2=1\cdot3=3 \text{（通り）}$$

よって，求める確率は

$$\frac{3}{126}=\frac{1}{42}$$

(3) $X=5$ となるのは Ⓡ Ⓡ Ⓑ Ⓦ を取り出すときであるから

$$_2C_2\cdot{_3}C_1\cdot{_4}C_1=1\cdot3\cdot4=12 \text{（通り）}$$

よって，求める確率は

$$\frac{12}{126}=\frac{2}{21}$$

$X=3$ となる取り出し方は

Ⓑ Ⓑ Ⓡ Ⓦ， Ⓑ Ⓑ Ⓑ Ⓡ， Ⓑ Ⓑ Ⓑ Ⓦ

の3つの場合がある。それぞれ

$$_3C_2\cdot{_2}C_1\cdot{_4}C_1=3\cdot2\cdot4=24 \text{（通り）}$$

$$_3C_3\cdot{_2}C_1=1\cdot2=2 \text{（通り）}$$

$$_3C_3\cdot{_4}C_1=1\cdot4=4 \text{（通り）}$$

であるから，求める確率は

$$\frac{24+2+4}{126}=\frac{5}{21}$$

(4) $X=1$ となる取り出し方は

Ⓦ Ⓦ Ⓡ Ⓑ， Ⓦ Ⓦ Ⓦ Ⓡ， Ⓦ Ⓦ Ⓦ Ⓑ

の3つの場合がある。それぞれ

$$_4C_2\cdot{_2}C_1\cdot{_3}C_1=\frac{4\cdot3}{2\cdot1}\cdot2\cdot3=36 \text{（通り）}$$

$$_4C_3\cdot{_2}C_1=4\cdot2=8 \text{（通り）}$$

$$_4C_3\cdot{_3}C_1=4\cdot3=12 \text{（通り）}$$

であるから，確率は

$$\frac{36+8+12}{126}=\frac{56}{126}=\frac{4}{9}$$

$X=1$ であるという条件のもとで，取り出された球の色が3色で

ある条件付き確率は

$$\frac{36}{36+8+12}=\frac{36}{56}=\frac{9}{14}$$

(5) X のとり得る値は，(1)より

$$X=1,\ 2,\ 3,\ 4,\ 5,\ 6,\ 8$$

の 7 通りある。

(2), (3), (4)より

$$P(X=8)=\frac{1}{42},\ \ P(X=5)=\frac{2}{21}$$

$$P(X=3)=\frac{5}{21},\ \ P(X=1)=\frac{4}{9}$$

$X=2$ となるのは，Ⓦ Ⓦ Ⓦ Ⓦを取り出すときであるから

$$P(X=2)=\frac{{}_4C_4}{126}=\frac{1}{126}$$

$X=4$ となるのは，Ⓑ Ⓑ Ⓦ Ⓦを取り出すときであるから

$$P(X=4)=\frac{{}_3C_2\cdot{}_4C_2}{126}=\frac{3\cdot6}{126}=\frac{1}{7}$$

$X=6$ となるのは，Ⓡ Ⓡ Ⓦ Ⓦを取り出すときであるから

$$P(X=6)=\frac{{}_2C_2\cdot{}_4C_2}{126}=\frac{1\cdot6}{126}=\frac{1}{21}$$

よって，X の期待値は

$$1\cdot\frac{4}{9}+2\cdot\frac{1}{126}+3\cdot\frac{5}{21}+4\cdot\frac{1}{7}+5\cdot\frac{2}{21}+6\cdot\frac{1}{21}+8\cdot\frac{1}{42}$$

$$=\frac{170}{63}$$

(注)

X	1	2	3	4	5	6	8	計
$P(X)$	$\frac{4}{9}$	$\frac{1}{126}$	$\frac{5}{21}$	$\frac{1}{7}$	$\frac{2}{21}$	$\frac{1}{21}$	$\frac{1}{42}$	1

49

(1)(i) 同じ数字 3 つのとき　(1, 1, 1) の 1 通り

(ii) 同じ数字 2 つと異なる数字 1 つのとき

　　　${}_3P_2=3\cdot2=6$ (通り)

(iii) 異なる数字 3 つのとき　(1, 2, 3) の 1 通り

(i)(ii)(iii)より数字の組合せは

　　　$1+6+1=8$ (通り)

3 桁の整数は，上の(i), (ii), (iii)のそれぞれについて

　　　(i)は　1 通り

　　　(ii)は　それぞれ 3 通りずつあるから　$6\times3=18$ (通り)

←(1, 1, 2), (1, 1, 3),
(2, 2, 1), (2, 2, 3),
(3, 3, 1), (3, 3, 2)
の 6 通り。

(1, 1, 2) なら
112, 121, 211

(iii) は　$3!=6$（通り）

よって　$1+18+6=\mathbf{25}$（通り）

(2)　8枚のカードから3枚のカードを取り出すすべての場合の数は

$$_8C_3=\frac{8\cdot7\cdot6}{3\cdot2\cdot1}=56\,(通り)$$

これらは同様に確からしい。

A は3枚のカードがすべて数字1の場合であり

$$_4C_3=4\,(通り)$$

の取り出し方があるので

$$P(A)=\frac{4}{56}=\frac{1}{14}$$

C は3枚のカードが数字1，2，3の場合であり

$$_4C_1\cdot{}_2C_1\cdot{}_2C_1=16\,(通り)$$

の取り出し方があるので

$$P(C)=\frac{16}{56}=\frac{2}{7}$$

余事象を考えて

$$P(B)=1-\left(\frac{1}{14}+\frac{2}{7}\right)=\frac{9}{14}$$

また，数字の和が4以下になるのは

$$3=1+1+1,\quad 4=1+1+2$$

の場合であり

和が3になるのは　$_4C_3=4\,(通り)$

和が4になるのは　$_4C_2\cdot{}_2C_1=12\,(通り)$

の取り出し方があるので

$$P(D)=\frac{4+12}{56}=\frac{2}{7}$$

事象 $B\cap D$ は，和が4になる場合で，数字1を2枚，数字2を1枚取り出すから $12\,(通り)$ の取り出し方があるので

$$P(B\cap D)=\frac{12}{56}=\frac{3}{14}$$

よって

$$P_D(B)=\frac{P(D\cap B)}{P(D)}=\frac{\dfrac{3}{14}}{\dfrac{2}{7}}=\frac{3}{4}$$

(3)　E_1 は1回目に数字1のカードを取り出す場合であるから

$$P(E_1)=\frac{4}{8}=\frac{1}{2}$$

←カードをすべて区別する。取り出した3枚の順序は考えない。

←B が起こる確率は余事象を考える。

←$P(D\cap B)=P(B\cap D)$
　　$=\dfrac{3}{14}$

←条件付き確率。

E_2 は 2 回目に数字 1 のカードを取り出す場合であり，1 回目はどのカードを取り出してもよいので

←2 回目は 4 通り，
　1 回目は 7 通りある。

$$P(E_2) = \frac{4 \cdot 7}{8 \cdot 7} = \frac{1}{2}$$

$E_1 \cap E_2$ は，1 回目，2 回目ともに数字 1 のカードを取り出す場合であるから

$$P(E_1 \cap E_2) = \frac{4 \cdot 3}{8 \cdot 7} = \frac{3}{14}$$

よって

$$P(E_1 \cup E_2) = P(E_1) + P(E_2) - P(E_1 \cap E_2)$$

←加法定理。

$$= \frac{1}{2} + \frac{1}{2} - \frac{3}{14}$$

$$= \frac{11}{14}$$

したがって

$$P(\overline{E_1} \cap \overline{E_2}) = P(\overline{E_1 \cup E_2}) = 1 - P(E_1 \cup E_2)$$

←$\overline{E_1}$ は E_1 の余事象。
　$\overline{E_2}$ は E_2 の余事象。

$$= 1 - \frac{11}{14} = \frac{3}{14}$$

(注) $\overline{E_1} \cap \overline{E_2}$ は，1 回目も 2 回目も数字 1 のカードを取り出さない場合であるから

$$P(\overline{E_1} \cap \overline{E_2}) = \frac{4 \cdot 3}{8 \cdot 7} = \frac{3}{14}$$

また，F は(2)の D の場合と同様に考えて，カードを取り出す順が

$$(1, \ 1, \ 1), \ (1, \ 1, \ 2), \ (1, \ 2, \ 1), \ (2, \ 1, \ 1)$$

の 4 つの場合があるので

$$P(F) = \frac{4 \cdot 3 \cdot 2 + 4 \cdot 3 \cdot 2 \times 3}{8 \cdot 7 \cdot 6}$$

←$(1, \ 1, \ 2), \ (1, \ 2, \ 1),$
　$(2, \ 1, \ 1)$ の取り出し方は，
　いずれも $4 \cdot 3 \cdot 2$ 通り。

$$= \frac{2}{7}$$

事象 $F \cap \overline{E_3}$ は，カードを $(1, \ 1, \ 2)$ の順に取り出す場合であるから

$$P(F \cap \overline{E_3}) = \frac{4 \cdot 3 \cdot 2}{8 \cdot 7 \cdot 6} = \frac{1}{14}$$

よって

$$P_F(\overline{E_3}) = \frac{P(F \cap \overline{E_3})}{P(F)} = \frac{\dfrac{1}{14}}{\dfrac{2}{7}} = \frac{1}{4}$$

←条件付き確率。

解
説

(注) $P(E_1)=P(E_2)=P(E_3)=\dfrac{1}{2}$ である。

50

P が A_1，A_2，A_3，A_5，A_6 の位置にあるとき，どの方向に移動する確率も $\dfrac{1}{3}$，O の位置にあるとき，どの方向に移動する確率も $\dfrac{1}{6}$

(1) 2回の移動で A_3 の位置にある確率は

$$\frac{1}{3}\cdot\frac{1}{3}+\frac{1}{3}\cdot\frac{1}{6}=\frac{1}{6}$$

O の位置にある確率は

$$\left(\frac{1}{3}\cdot\frac{1}{3}\right)\cdot 2=\frac{2}{9}$$

(2) 3回の移動で A_3 の位置に移動する確率は

$$\left(\frac{1}{3}\cdot\frac{1}{3}\cdot\frac{1}{6}\right)\cdot 3=\frac{1}{18}$$

O の位置にある確率は

$$\left(\frac{1}{3}\cdot\frac{1}{3}\cdot\frac{1}{3}\right)\cdot 4+\left(\frac{1}{3}\cdot\frac{1}{6}\cdot\frac{1}{3}\right)\cdot 5=\frac{13}{54}$$

(3) 1回，2回および3回の移動で O の位置に移動する確率は

$$\frac{1}{3}+\frac{2}{9}+\frac{13}{54}=\frac{43}{54}$$

2回または3回の移動で A_3 の位置に移動する確率は

$$\frac{1}{6}+\frac{1}{18}=\frac{2}{9}$$

2回または3回の移動で A_5 の位置に移動する確率も $\dfrac{2}{9}$ より，4回以内の移動で A_4 の位置に到達する確率は

$$\frac{43}{54}\cdot\frac{1}{6}+\left(\frac{2}{9}\cdot\frac{1}{3}\right)\cdot 2=\frac{91}{324}$$

(4) 3回目に O の位置にあって，4回目に A_4 に到達する確率は

$$\frac{13}{54}\cdot\frac{1}{6}=\frac{13}{324}$$

であるから，求める条件付き確率は

$$\frac{\frac{13}{324}}{\frac{91}{324}}=\frac{1}{7}$$

以下

→ の確率は $\dfrac{1}{3}$

┅→ の確率は $\dfrac{1}{6}$

である。

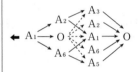

← A_4 の位置に到達する1つ前の点で分ける。

(5) 2回の移動で，点 P が A_4 の位置に到達する確率は

$$\frac{1}{3}\cdot\frac{1}{6}=\frac{1}{18}$$

3回の移動で，点 P が A_4 の位置に到達する確率は，(1)より

$$\left(\frac{1}{6}\cdot\frac{1}{3}\right)\cdot2+\frac{2}{9}\cdot\frac{1}{6}=\frac{4}{27}$$

4回の移動で，点 P が A_4 の位置に到達する確率は，(2)より

$$\left(\frac{1}{18}\cdot\frac{1}{3}\right)\cdot2+\frac{13}{54}\cdot\frac{1}{6}=\frac{25}{324}$$

よって，賞金額の期待値は

$$1000\cdot\frac{1}{18}+500\cdot\frac{4}{27}+300\cdot\frac{25}{324}$$

$$=\frac{1375}{9}=152.7\cdots\cdots（円）$$

これはゲームの参加料 200 円より少ないので，参加することは得であるとはいえない（**⓪**）。

(注)

賞金	1000	500	300	0	計
確率	$\frac{1}{18}$	$\frac{4}{27}$	$\frac{25}{324}$	$\frac{233}{324}$	1

右余白：
$\leftarrow A_1 \longrightarrow O \dashrightarrow A_4$

$A_3 \searrow$
$\leftarrow A_5 \longrightarrow A_4$
$O \dashrightarrow$

51

(1)

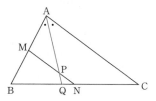

BN＝CN であるから $BN=\frac{1}{2}a$（**⓪**）である。

線分 AQ は∠BAC の二等分線であるから

$$\frac{BQ}{QC}=\frac{AB}{AC}=\frac{2}{3} \quad であり \quad BQ=\frac{2}{5}a \quad（**⑥**）$$

よって

$$NQ=BN-BQ=\left(\frac{1}{2}-\frac{2}{5}\right)a=\frac{1}{10}a \quad（**⑦**）$$

ゆえに

$$\frac{NQ}{BQ}=\frac{\frac{1}{10}a}{\frac{2}{5}a}=\frac{1}{4} \quad（**③**）$$

右余白：
←角の二等分線の性質。

(2) AM＝MB，CN＝NB より，中点連結定理（**②**）を用いると

$$MN /\!/ AC, \quad MN=\frac{1}{2}AC \quad (\text{❶})$$ ……①

であり

$$\angle MAP=\angle QAC=\angle APM$$

ゆえに

$$MP=AM=\frac{1}{2}AB \quad (\text{❶})$$ ……②

◀平行線の錯角。△AMP は
二等辺三角形。

①，②より $\dfrac{MP}{MN}=\dfrac{AB}{AC}=\dfrac{2}{3}$ であるから

$$\frac{PN}{PM}=\frac{1}{2} \quad (\text{❶})$$

また，PN∥AC より

$$\frac{PQ}{AQ}=\frac{PN}{AC}=\frac{\frac{1}{3}MN}{2MN}=\frac{1}{6}$$

◀$PN=\dfrac{1}{2}MP$

したがって

$$\frac{PQ}{AP}=\frac{1}{5} \quad (\text{❺})$$

(別解) △BNM と直線 AQ にメネラウスの定理を用いると

$$\frac{BQ}{QN}\cdot\frac{NP}{PM}\cdot\frac{MA}{AB}=1$$

$$\frac{4}{1}\cdot\frac{NP}{PM}\cdot\frac{1}{2}=1$$

よって $\dfrac{NP}{PM}=\dfrac{PN}{MP}=\dfrac{1}{2}$

△ABQ と直線 MN にメネラウスの定理を用いると

$$\frac{AM}{MB}\cdot\frac{BN}{NQ}\cdot\frac{QP}{PA}=1$$

$$\frac{1}{1}\cdot\frac{5}{1}\cdot\frac{QP}{PA}=1$$

よって $\dfrac{QP}{PA}=\dfrac{PQ}{AP}=\dfrac{1}{5}$

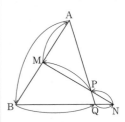

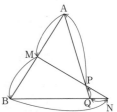

(3) $\dfrac{\triangle MBN}{\triangle PQN}=\dfrac{MN}{PN}\cdot\dfrac{BN}{QN}=\dfrac{3}{1}\cdot\dfrac{5}{1}=15$ より $\dfrac{\triangle BQPM}{\triangle PQN}=14$

$\dfrac{\triangle AQC}{\triangle PQN}=\dfrac{AQ}{PQ}\cdot\dfrac{QC}{QN}=\dfrac{6}{1}\cdot\dfrac{6}{1}=36$ より $\dfrac{\triangle APNC}{\triangle PQN}=35$

よって，四角形 BQPM の面積は，四角形 APNC の $\dfrac{14}{35}=\dfrac{2}{5}$ 倍

52

〔1〕 △ABC と直線 DF にメネラウスの定理を用いると

$$\frac{AD}{DB}\cdot\frac{BF}{FC}\cdot\frac{CE}{EA}=1$$

$$\frac{3}{4}\cdot\frac{BF}{FC}\cdot\frac{1}{4}=1$$

$$\therefore\quad\frac{BF}{FC}=\frac{16}{3}$$

よって

$$\frac{CF}{BC}=\frac{3}{13}$$

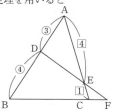

△BFD と直線 AC にメネラウスの定理を用いると

$$\frac{DE}{EF}\cdot\frac{FC}{CB}\cdot\frac{BA}{AD}=1$$

$$\frac{DE}{EF}\cdot\frac{3}{13}\cdot\frac{7}{3}=1$$

$$\therefore\quad\frac{EF}{DE}=\frac{7}{13}$$

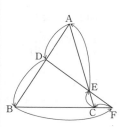

〔2〕 △ABF にチェバの定理を用いると

$$\frac{AD}{DB}\cdot\frac{BC}{CF}\cdot\frac{FG}{GA}=1$$

$$\frac{1}{2}\cdot\frac{5}{2}\cdot\frac{FG}{GA}=1$$

$$\therefore\quad\frac{AG}{FG}=\frac{5}{4}$$

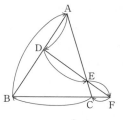

面積比について

$$\frac{\triangle ABE}{\triangle AEF}=\frac{BC}{CF}$$

$$\therefore\quad\triangle ABE=\frac{5}{2}T\quad(\textbf{3})$$

$$\frac{\triangle BEF}{\triangle AEF}=\frac{BD}{AD}$$

$$\therefore\quad\triangle BEF=2T\quad(\textbf{0})$$

$$\frac{\triangle BCE}{\triangle BEF}=\frac{BC}{BF}=\frac{5}{7}$$

$$\therefore\quad\triangle BCE=\frac{5}{7}\cdot2T=\frac{10}{7}T\quad(\textbf{7})$$

△ABC＝△ABE＋△BCE より

$$S=\frac{5}{2}T+\frac{10}{7}T=\frac{55}{14}T$$

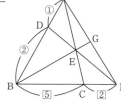

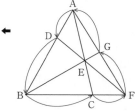

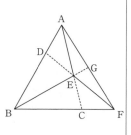

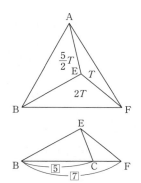

$$\therefore \quad \frac{T}{S} = \frac{14}{55}$$

〔3〕 △ABC と直線 DF にメネラウスの定理を用いると

$$\frac{\text{BF}}{\text{FC}} \cdot \frac{\text{CE}}{\text{EA}} \cdot \frac{\text{AD}}{\text{DB}} = 1$$

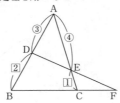

$$\therefore \quad \frac{\text{BF}}{\text{CF}} = \frac{\text{DB}}{\text{CE}} \cdot \frac{\text{AE}}{\text{AD}}$$

$$= \frac{2}{1} \cdot \frac{4}{3} = \frac{8}{3}$$

4 点 B, C, E, D が同一円周上にある

とき, 方べきの定理(❷)を用いると

$$\text{AD} \cdot \text{AB} = \text{AE} \cdot \text{AC}$$

$$3a(3a + 2b) = 4a(4a + b)$$

$$7a^2 = 2ab$$

$a \neq 0$ より

$$b = \frac{7}{2}a$$

よって

$$\frac{\text{AB}}{\text{AC}} = \frac{3a + 2b}{4a + b} = \frac{10a}{\frac{15}{2}a} = \frac{4}{3}$$

←$b = \dfrac{7}{2}a$ を代入。

53

(1) △ECD ∽ △EAB より

←∠E は共通。
　∠ECD = ∠A

$$\frac{\text{EC}}{\text{EA}} = \frac{\text{ED}}{\text{EB}} = \frac{\text{CD}}{\text{AB}}$$

$$\frac{x}{y+6} = \frac{y}{x+2} = \frac{1}{5}$$

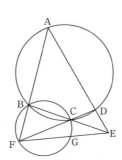

$$\therefore \quad \begin{cases} 5x = y + 6 \\ 5y = x + 2 \end{cases}$$

よって

$$x = \frac{4}{3}, \quad y = \frac{2}{3}$$

FC $=a$, FB $=b$ とおくと, △FCB ∽ △FAD より

$$\frac{\text{FC}}{\text{FA}} = \frac{\text{CB}}{\text{AD}} = \frac{\text{FB}}{\text{FD}}$$

$$\frac{a}{b+5} = \frac{2}{6} = \frac{b}{a+1}$$

$$\therefore \quad \begin{cases} 3a = b + 5 \\ 3b = a + 1 \end{cases}$$

よって

$$a=2, \quad b=1 \quad \therefore \quad \text{FC}=2$$

(2) 方べきの定理により

←△BFC の外接円に注目。

$$\text{EG}\cdot\text{EF}=\text{EC}\cdot\text{EB}=\frac{4}{3}\cdot\frac{10}{3}=\frac{40}{9} \qquad \cdots\cdots①$$

4点 F, G, C, B は同一円周上にあるから

$$\angle\text{FGC}=\angle\text{ABC}\ (\textbf{②})$$

4点 A, B, C, D は同一円周上にあるから

$$\angle\text{ABC}=\angle\text{EDC}$$

$$\therefore \quad \angle\text{FGC}=\angle\text{EDC}$$

よって, 4点 E, D, C, G は同一円周上にあるので, 方べきの定理により

$$\text{FG}\cdot\text{FE}=\text{FC}\cdot\text{FD}=2\cdot3=6 \qquad \cdots\cdots②$$

①, ②より

$$\text{EF}^2=\text{EF}(\text{EG}+\text{FG})=\text{EF}\cdot\text{EG}+\text{EF}\cdot\text{FG}$$

$$=\frac{40}{9}+6=\frac{94}{9} \quad \therefore \quad \text{EF}=\frac{\sqrt{94}}{3}$$

54

(1)

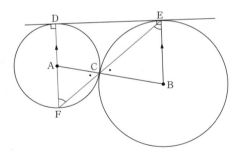

DE⊥AD, DE⊥BE より AD∥BE (**③**)

ゆえに, ∠CFA＝∠CEB (平行線の錯角) であり,

∠ACF＝∠BCE (対頂角) であるから, 2角がそれぞれ等しく

$$△\text{ACF}\backsim△\text{BCE}\ (\textbf{⑤}, \textbf{⑧})$$

よって, AF：BE＝AC：BC であり, BE＝BC (円 B の半径) より AF＝AC (**⓪**) とわかり, F は円 A の周上にあって DF は直径となるから ∠FCD＝**90°**

解

説

(2)

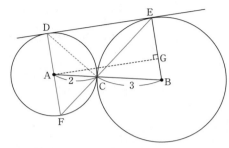

点 A から線分 BE に垂線 AG を引く。

AB＝2＋3＝5，BG＝3−2＝1 であるから

$$DE＝AG＝\sqrt{AB^2−BG^2}＝\sqrt{5^2−1^2}＝2\sqrt{6}$$

$$EF＝\sqrt{DE^2＋DF^2}＝\sqrt{(2\sqrt{6})^2＋4^2}＝2\sqrt{10}$$

△DEF の面積を考えて CD・EF＝DE・DF より

$$CD＝\frac{DE・DF}{EF}＝\frac{2\sqrt{6}・4}{2\sqrt{10}}＝\frac{4\sqrt{15}}{5}$$

$$CF＝\sqrt{DF^2−CD^2}＝\sqrt{4^2−\left(\frac{4\sqrt{15}}{5}\right)^2}＝\frac{4\sqrt{10}}{5}$$

← ∠CDA＝∠DEC が成り立つから △CDF ∽△DEF となり，これより CD を求めてもよい。

55

円 P と辺 AB，BC，CA との接点をそれぞれ E，F，G とすると

PE＝PF＝BE＝BF＝3

AB＝9 より

AG＝AE＝9−3＝6

CF＝CG＝x とおくと

AC＝x＋6，BC＝3＋x より

△ABC に三平方の定理を用いると

$$9^2＋(x＋3)^2＝(x＋6)^2$$
$$∴ \quad x＝9$$

よって

BC＝9＋3＝**12**

AC＝9＋6＝**15**

円 Q の半径も円 P と同じ 3 であるから

PQ＝12−3・2＝**6**

したがって，（2円の半径の和）＝PQ であるから，2円は外接する（**②**）。

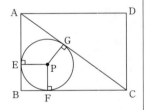

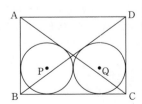

← 2円の位置関係は中心間の距離と半径の和，差との大小関係から考える。

△PFC に三平方の定理を用いると

$$CP=\sqrt{3^2+9^2}=3\sqrt{10}$$

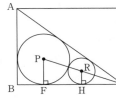

円 P に外接し，辺 BC と線分 AC の両方に接する円の中心を R，辺 BC との接点を H とする。半径を r とすると，△CPF ∽ △CRH より

$$\frac{CP}{PF}=\frac{CR}{RH}$$

$$\therefore\ \ \frac{3\sqrt{10}}{3}=\frac{CR}{r}$$

$$\therefore\ \ CR=\sqrt{10}r$$

PR=3+r, CP=3$\sqrt{10}$ と CP=CR+PR から

$$3\sqrt{10}=3+r+\sqrt{10}r$$

$$(\sqrt{10}+1)r=3(\sqrt{10}-1)$$

$$r=\frac{3(\sqrt{10}-1)}{\sqrt{10}+1}$$

$$=\frac{3(\sqrt{10}-1)^2}{9}$$

$$=\frac{11-2\sqrt{10}}{3}$$

56

(1)　∠A<90° のとき

$$\angle GDB=\angle GEB=90°\ (\text{⑦})$$

であるから，4 点 G，E，B，D は同一円周上にある。したがって，弧 BD の円周角を考えて

$$\angle BED=\angle BGD\ (\text{①})\ \ \ \cdots\cdots①$$

同様にして，4 点 G，C，F，E も同一円周上にあるから

$$\angle CEF=\angle CGF\ (\text{④})\ \ \ \cdots\cdots②$$

さらに，四角形 ABGC は円 O に内接するから

$$\angle DBG=\angle GCF\ (\text{⑥})$$

また，∠BDG=∠GFC=90° であるから

$$△BGD∽△CGF$$

であり

$$\angle BGD=\angle CGF\ (\text{④})\ \ \ \cdots\cdots③$$

①，②，③から

$$\angle BED=\angle BGD\ \ (①より)$$

$$=\angle CGF\ \ (③より)$$

$$=\angle CEF\ \ (\text{③})\ \ (②より)$$

が成り立つから∠DEF=180° となり，D，E，F は一直線上に

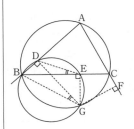

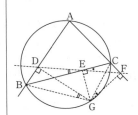

D, E, F を通る直線をシムソン線という。

ある。

(2)　∠A＝90° のとき，四辺形 ADGF は内角がすべて 90° であるから，長方形である（**①**）。

したがって，DF＝AG であり，線分 DF の長さが最大になるのは線分 AG が円 O の直径になるときで，このとき点 D は B に，点 F は C に一致する。また

$$\triangle BGE \varpropto \triangle GCE$$

であり

$$\triangle BGE : \triangle GCE = BG^2 : GC^2$$
$$= AC^2 : AB^2$$

ゆえに

$$BE : CE = \triangle BGE : \triangle GCE$$
$$= AC^2 : AB^2 \quad (\textbf{③})$$

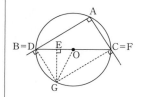

57

(1)　△OAB は二等辺三角形であるから

$$\angle BAO = \angle AOB \quad (\textbf{①})$$

△OAB の外角を考えることにより

$$\angle ABD = \angle BOA + \angle BAO = 2\angle AOB \quad (\textbf{①})$$

また，線分 BJ は ∠ABD の二等分線になるので

$$\angle ABJ = \angle DBJ \quad (\textbf{④})$$

であるから

$$\angle ABD = 2\angle DBJ \quad (\textbf{④})$$

ゆえに，∠AOB＝∠DBJ であり，同位角が等しいので

$$OA /\!/ BJ \; (\textbf{⓪}) \qquad\qquad\qquad \cdots\cdots ①$$

M は二等辺三角形の底辺の中点であり　∠BMA＝**90°**

C は接点であるから　∠JCO＝**90°**

よって，BM∥JC，∠BMC＝∠JCM（＝90°）であるから①も考えて，四角形 BMCJ は長方形である。

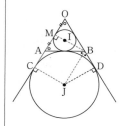

(2)　$OM = \dfrac{1}{2}OA = 2$，BM⊥OM より

$$BM = \sqrt{OB^2 - OM^2} = \sqrt{7^2 - 2^2} = 3\sqrt{5}$$

△OAB は二等辺三角形であるから BM は ∠OBA の二等分線であり，B，I，M は同一直線上にある。OI は ∠BOM を二等分し，BI：MI＝OB：OM＝7：2 であるから

$$BI = \frac{7}{7+2}BM = \frac{7}{9} \cdot 3\sqrt{5} = \frac{7\sqrt{5}}{3}$$

また，△OCJ と △ODJ は斜辺と他の 1 辺がそれぞれ等しい直角三角形であるから合同であり

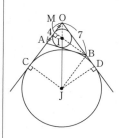

∠JOC＝∠JOD

よって O, I, J は同一直線上にあるから, ①より

∠BJI＝∠JOC＝∠BOI

となり

BJ＝BO＝**7**

さらに, (1)より四角形 BMCJ は長方形であるから∠IBJ＝**90°**

であり

$$IJ=\sqrt{BI^2+BJ^2}=\sqrt{\left(\frac{7\sqrt{5}}{3}\right)^2+7^2}=\frac{7\sqrt{14}}{3}$$

58

(1)　AB∥DC より, 直線 AB と直線 CG のなす角は直線 DC と直線 CG のなす角に等しい。よって　**60°**

直線 AB と直線 CF のなす角は直線 DC と直線 CF のなす角に等しい。よって　**60°**

直線 AB と面 CFKG のなす角は直線 DC と面 CFKG のなす角に等しい。よって　**45°**

(2)　$v=12$, $e=24$, $f=14$

$v-e+f=12-24+14=$**2**

(3)　表面積は, 一辺の長さが $\sqrt{2}$ の正方形が6個と, 1辺の長さが $\sqrt{2}$ の正三角形が8個であるから

$$6(\sqrt{2})^2+8\cdot\frac{1}{2}(\sqrt{2})^2\sin 60°=\mathbf{12+4\sqrt{3}}$$

立方体から切り取った三角錐1個分の体積は

$$\frac{1}{3}\left(\frac{1}{2}\cdot 1\cdot 1\right)\cdot 1=\frac{1}{6}$$

であるから, 立体の体積は

$$2^3-8\cdot\frac{1}{6}=\frac{20}{3}$$

また, AC＝2, CG＝$\sqrt{2}$, ∠ACG＝90° より

$$AG=\sqrt{2^2+(\sqrt{2})^2}=\sqrt{6}$$

AC＝2, CK＝2, ∠ACK＝90° より

$$AK=\sqrt{2^2+2^2}=2\sqrt{2}$$

←△CGD は正三角形。

←六角形 DCFJIH は正六角形。
　∠DCF＝120°

←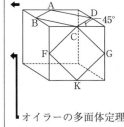

解
説

■ オイラーの多面体定理。

←

— *MEMO* —

— *MEMO* —

— *MEMO* —

— *MEMO* —

短期攻略 大学入学共通テスト

数学 I・A [実戦編]〈改訂版〉

著　　　者	榎　　　明　夫
	吉　川　浩　之
発　行　者	山　﨑　良　子
印刷・製本	日 経 印 刷 株 式 会 社
発　行　所	駿 台 文 庫 株 式 会 社

〒 101 - 0062　東京都千代田区神田駿河台 1 - 7 - 4
小畑ビル内
TEL. 編集 03（5259）3302
販売 03（5259）3301
《改③ − 192pp.》

©Akio Enoki and Hiroyuki Yoshikawa 2020

許可なく本書の一部または全部を，複製，複写，デジ
タル化する等の行為を禁じます。

落丁・乱丁がございましたら，送料小社負担にてお取
替えいたします。

ISBN978 − 4 − 7961 − 2392 − 1　　　Printed in Japan

駿台文庫 Web サイト
https://www.sundaibunko.jp